한 권으로 끝내는

초등 수학

한 권으로 끝내는

초등 수학−사칙연산

ⓒ 김용희, 2016

초판 1쇄 인쇄일 2016년 7월 20일
초판 1쇄 발행일 2016년 7월 27일

지은이 김용희
펴낸이 김지영 **펴낸곳** 작은책방
제작 · 관리 김동영 **마케팅** 조명구

출판등록 2001년 7월 3일 제2005-000022호
주소 04047 서울시 마포구 어울마당로 5길 25-10 유카리스티아빌딩 3층
전화 (02)2648-7224 **팩스** (02)2654-7696

ISBN 978-89-5979-464-5 (64410)
        978-89-5979-466-9 (SET)

- 책값은 뒤표지에 있습니다.
- 잘못된 책은 교환해 드립니다.
- Gbrain은 작은책방의 교양 전문 브랜드입니다.

한 권으로 끝내는

초등 수학

김용희 지음

2+1=

사칙연산

지브레인

　미래 사회는 컴퓨터와 인공지능의 시대가 될 것이라고 합니다. 그래서 컴퓨터 언어로 프로그램을 만드는 코딩 교육의 중요성이 대두되고 있습니다. 코딩 교육의 중심은 컴퓨터를 잘 하는 사람을 만드는 것이 아니라 컴퓨터식으로 생각하는 것을 가르치는 것입니다. 이스라엘에서는 1992년에 컴퓨터과학이 정규과목에 편성되었고 미국에서도 2013년에 '아워 오브 코드'라는 캠페인을 벌였습니다. 일본도 2년 전부터 코딩 교육을 시작했고 우리나라도 2017년부터 코딩 교육을 시작한다고 합니다. 아무래도 우리의 생활환경이 IT와 뗄 수 없게 되었기 때문이지요. 코딩 교육은 논리적 사고, 알고리즘에 대한 이해, 데이터를 모아서 조작하는 능력 등을 키울 수 있도록 해줍니다. 그리고 이러한 능력을 키우기 위해 가장 기본이 되는 것이 바로 수학입니다.

　수학은 논리적인 사고와 추리력, 분석력을 키워주기 때문에 수학적 기초가 탄탄하면 컴퓨터, 생명공학, 첨단기술 등 여러 분야로 응용해나갈 수 있어요.

　그래서 초등학교 때 수학을 기초부터 탄탄히 알고 이해해 나가는 것이 아주 중요해요. 수학의 가장 기초는 수에 대한 개념과 수의 연산이라고 할 수 있어요.

　《한 권으로 끝내는 초등 수학-사칙연산》은 초등학교 수학을 단계별로 학습할 수 있도록 수와 수의 연산에 대한 여러 개념과 성질을 정리해 놓았어요. 다양한 그림과 단계별 설명으로 학습할 내용을 쉽게 전달하려고 최대한 노력한 만큼 이 책을 읽으면서 수학에서 기초가 되는 수의 연산에 대한 기본 원리를 이해하고 응용할 수 있었으면 합니다. 또한 꼭 필요한 문제만 소개하면서 학생 스스로가 예제를 풀며 자신감을 가질 수 있도록 구성했습니다.

　초등학교에서 학습하는 수학 영역에 대한 이해를 바탕으로 책을 구성한 만큼 중등, 고등과정의 수학까지 좀 더 수월하게 접할 수 있기를 바랍니다.

2016년 7월 김용희

1. 수

수는 무엇일까요? • 12

숫자는 다양해요 • 14

수를 읽는 방법이 따로 있다고? • 16

옛날에는 수를 어떻게 세었을까? • 17

수를 어떻게 기록할까? • 19

여러 자리의 수 • 21

수의 크기 비교하기 • 24

계산을 편리하게 도와주는 도구도 있어요. • 27

짝수와 홀수 • 28

신기한 이야기 : 도마뱀도 수를 센다고? • 29

2. 수의 연산

덧셈 · 32

재미있는 덧셈 삼각수와 사각수 · 40

뺄셈 · 44

재미있는 덧셈과 뺄셈：새로운 수 만들기 · 50

곱셈 · 53

재미있는 수：빙글빙글 불가사의한 수 · 61

나눗셈 · 63

혼합계산 · 71

3 수의 성질

배수 · 76

공배수와 최소공배수 · 82

약수 · 85

공약수와 최대공약수 · 86

소수 · 87

소인수분해 · 88

분수 · 91

약분과 통분 · 97

분수의 덧셈 · 102

음악에도 분수가 사용된다고? • 109

분수의 뺄셈 • 111

분수의 곱셈 • 119

분수의 나눗셈 • 129

소수 • 134

소수의 덧셈과 뺄셈 • 138

소수의 곱셈과 나눗셈 • 142

수와 소수의 혼합계산 • 152

어림하기 • 155

해답 • 165

수

수는 무엇일까요?

우리는 아침부터 저녁까지 항상 수와 함께 해요.

"아침 8시 30분까지 학교에 가야 해."

"오늘은 3교시 후 급식이다."

"야호! 돈까스 2개 먹어야지."

이처럼 수는 우리도 자주 쉽게 사용하고 있습니다. 그렇다면 과연 수는 무엇일까요? 사전적인 의미로 수는 셀 수 있는 사물을 나타낸 값이예요. '돈까스 2개'의 2는 사물의 수를 나타낸 수이지요. '3교시'는 순서를 나타내고요.

302호

"우리집은 302호야."에서 3은 건물 바닥에서 세번째 층, 2는 그 층에서 두번째 집이라는 위치를 나타내요.

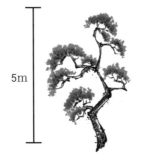

5m

"저 소나무는 높이가 5m야."

여기서 5는 소나무의 크기를 말해요. 즉, 수는 사물의 개수나 크기를 나타내거나 기준점으로부터 위치나 순서를 나타내기도 해요.

이러한 수는 언제부터 사용했을까요?

그 시작이 언제인지 알 수 없을 정도로 아주 오래전부터 사람들은 수를 사용해 왔어요.

어쩌면 사냥한 짐승의 양을 헤아리거나 채집한 과일을 서로 비교하고 싶어졌기 때문인지도 몰라요. 자신이 가진 것이 얼마나 되는지 알고 싶고 같이 채집한 것을 나누려고 하면서 수를 헤아리기 시작했을지도 몰라요.

바빌로니아나 중국, 이집트 등에서는 수천 년 전부터 문자와 숫자가 사용된 기록이 발견되었어요.

처음에 수는 '많다', '적다' 정도로 시작되었다고 해요. 그래서 어떤 부족은 아직도 "하나, 둘, 많다"라고 수를 헤아린대요.

이렇게 시작된 수는 필요에 따라 백, 천, 만, 십만, 억 등 점점 큰 수가 만들어졌어요.

생각해 보세요!

하늘이는 교실 앞에서 두 번째, 뒤에서 다섯 번째 자리에 앉아요. 하늘이 자리가 오른쪽에서 세 번째, 왼쪽에서는 네 번째라면 교실에 놓인 책상의 수는 모두 몇 개일까요?

답 166쪽

숫자는 다양해요

수와 숫자는 같은 게 아니에요. 수를 나타내기 위해서 필요한 것이 숫자예요. '하나, 둘, 셋, 넷,' 이렇게 수를 세지만 쓸 때는 나라마다 달라요. 숫자는 수를 나타내는 '기호'이기 때문이에요. 사과 한 개를 나타낼 때 사용하는 숫자를 살펴볼까요?

| 아라비아 숫자 | 조선시대 한자 | 하나 | 마야 숫자 | 고대 로마 |

그림처럼 서로 모양은 다르지만 모두 한 개를 나타내는 숫자예요. 숫자를 사용하면서 더하기나 빼기 같은 셈도 쉽게 나타낼 수 있게 되었어요.

우리가 사용하는 숫자인 '1, 2, 3, 4, 5, 6, 7, 8, 9, 0'은 아라비아 숫자 혹은 인도 숫자라고 해요. 왜 이름이 두 가지냐고요?

아라비아 숫자는 1400년 전에 인도에서 만들어졌어요. 그런데 물건을 팔러 인도에 간 아랍 상인들이 이 숫자가 쓰기 편리하다는 것을 알게 되어 여기저기 돌아다니면서 사용하다 보니 로마숫자를 쓰던 유럽 사람들도 점점 이 숫자를 쓰게 되었어요. 그리고 아랍 상인들이 쓰는 숫자라고 해서 아라비아 숫자라고 부르게 된 것이죠.

아라비아 숫자 중 0은 가장 마지막에 만들어진 숫자예요. 처음에는 빈자리를 채우기 위해 쓰였어요. 아무것도 없다는 것을 0으로 표현한 거죠. 숫자 0이 수의 자리를 나타내게 되면서 덕분에 큰 수나 작은 수를 끝없이 만들 수 있게 되었어요. 이 10개의 숫자로 어떤 수라도 나타낼 수 있고 복잡하고 어려운 식도 계산 할 수 있어 대부분의 나라가 아라비아 숫자를 사용해요. 나라별 다양한 숫자로 152를 나타내어 볼까요?

152				
이집트 숫자	마야 숫자	한자	로마 숫자	메소포타미아 숫자
⌐ 100 ∧∧∧∧∧ 10 10 10 10 10 ‖ 2	— ◉ 100 •• ◉ 40 •• 12	百 五十 二 백 오십 이	⊂ ㄴ Ⅱ 100 50 2	V⟩ ⟨⟨⟨ VV 100 50 2

수를 읽는 방법이 따로 있다고?

"지금 몇 시예요?"

"다섯 시 십 분 삼십 초요."

뭔가 이상하지 않아요?

'왜 다섯 시 열 분 서른 초'가 아니고 '다섯 시 십 분 삼십 초'일까요? 다음 두 문장을 소리내어 읽어 보아요.

"5월은 계절의 여왕이지."

"마당에 매발톱꽃 5송이가 피었어."

어떻게 읽히나요?

"5월은 계절의 여왕이지."에서의 '5월'은 '오월'로 읽어요. 그렇다면 "마당에 매발톱꽃 5송이가 피었어."에서 5송이는 오송이로 읽으면 될까요? 아니지요. 5송이는 다섯 송이로 읽어야 해요. 왜 같은 5인데 다르게 읽어야 할까요?

같은 수라도 어떤 것을 나타내는가에 따라 다르게 읽기로 약속을 했기 때문이지요.

순서를 나타내거나 번호를 나타낼 때는 '일, 이, 삼, 사, 오, ….'로 읽어요. kg, m, cm, mL, L와 같이 단위가 붙을 때도 '일, 이, 삼, 사, 오, ….'로 읽어요. 하지만 개수를 나타내거나 횟수를 나타낼 때는 '하나, 둘, 셋, 넷, 다섯, ….'으로 읽어야 해요.

나이를 읽을 때는 1살과 같이 ~살일 때는 '하나, 둘, 셋, …'으로 읽고 3세와 같이 ~세일 때는 '일, 이, 삼, …'으로 읽지요.

시각을 나타낼 때는 '하나, 둘, 셋, …'으로 읽고 '분'과 '초'는 '일, 이, 삼, …'으로 읽어요.

예제 다음 문장의 수를 읽어 보아요.

1. 5월 5일은 어린이날입니다.

2. 왼쪽에서 3번째 서 있는 분이 우리 선생님입니다.

3. 지금 시각은 10시 25분 48초입니다.

답 166쪽

🎲 옛날에는 수를 어떻게 세었을까?

"하나, 둘, 셋, 넷."

이렇게 손가락으로 수를 세기도 했어요.

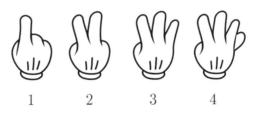

1   2   3   4

물건 하나마다 손가락을 하나씩 짝을 맞추는 거지요. 손가락이 열 개인데 그럼 열두 개는 어떻게 세냐고요?

발가락을 이용하면 되지요. 옛날 마야 사람들은 손가락과 발가락을 이용해서 20까지 수를 세었다고 해요.

때로는 나뭇가지나 돌멩이를 이용하기도 했어요. 사냥을 해서 잡아온 토끼가 일곱 마리라면 토끼 한 마리당 나뭇가지를 한 개씩 놓는 거지요.

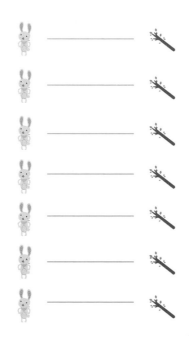

이렇게 하나씩 일대일로 짝을 맞춰서 세는 방법을 '일대일 대응'이라고 해요.

그럼 토끼를 아주 많이 잡았을 경우에는 어떻게 했을까요?

하나씩 세면 시간도 오래 걸리고 세다가 까먹기도 해요. 그래서 좀 더 빠르고 편리한 방법을 생각해 내었지요.

2개씩 모아서 세거나 5개씩 모아서 세거나 10개씩 모아서 세기도 했어요. 바빌로니아에서는 무려 60개씩 모아서 세었는데 손가락 10개로 세었다고 해요.

수를 어떻게 기록할까?

열심히 손가락으로 수를 세었는데 시간이 지나면 잊어버리게 되지요. 그래서 기록을 할 필요가 있어요. 옛날 사람들은 서로 필요한 물건을 바꿔쓰다가 점점 사고 팔게 되었어요. 그러다 보니 물건의 개수를 기록해야 했어요. 그래서 수를 기록하기 위해 여러 가지 방법을 사용하게 되었어요. 나무막대나 짐승의 뼈에 빗금을 긋기도 하고 진흙판에 수를 새긴 뒤 불에 굽기도 했어요. 수메르인이 진흙판에 새긴 수를 **쐐기 문자**라고 해요.

남아메리카의 잉카 사람들은 줄과 매듭을 이용하여 사람 수나 곡물의 양을 기록했어요. 이것을 **키푸**라고 해요.

1	11	21	31	41	51
2	12	22	32	42	52
3	13	23	33	43	53
4	14	24	34	44	54
5	15	25	35	45	55
6	16	26	36	46	56
7	17	27	37	47	57
8	18	28	38	48	58
9	19	29	39	49	59
10	20	30	40	50	

수메르인의 쐐기 문자

잉카의 키푸

여러 자리의 수

 보다 빠르고 편리하게 수를 세기 위해서 **모아세기**를 했다고 했지요?

 2개씩 모아 세는 것을 **이진법**, 5개씩 모아 세는 방법을 **오진법**, 10개씩 모아 세는 방법을 **십진법**이라고 해요. 이 중 10개씩 모아 세는 십진법은 현재 우리가 사용하는 수 세기 방법이에요.

$$1, 2, 3, 4, 5, 6, 7, 8, 9, 0$$

 이 10개의 숫자로 모든 수를 나타낼 수 있어요.

 10개씩 10개가 모이는 수를 100(백), 100개씩 10개가 모이는 수를 1000(천), 1000개씩 10개가 모이는 수를 10000(만)이라고 해요. 이렇게 10씩 모일 때마다 새로운 수의 단위를 만들었어요. 이것을 숫자로 표현할 때는 먼저 수에 0을 하나씩 더 붙이면 되지요. 0을 한없이 붙이면 수도 한없이 커지겠지요?

 수모형(정사각형)으로 표현하면 다음과 같아요.

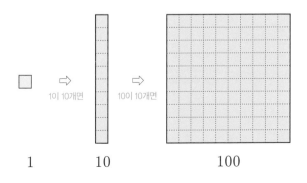

1이 10개면 ⇒ 100이 10개면 ⇒

1   10   100

그러면 123이라는 수를 살펴볼까요?

123은 백이십삼이라고 읽어요. 숫자 1, 2, 3을 사용하여 만든 수로 숫자 1은 100개짜리 1개를, 2는 10개짜리 2개를, 3은 1개 짜리 3개를 의미해요.

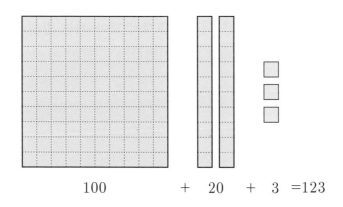

$$100 \quad + \quad 20 \quad + \quad 3 \quad =123$$

각 숫자가 위치하는 자리가 바로 그 숫자가 의미하는 수를 나타내지요. 일의 자리, 십의 자리, 백의 자리, 천의 자리 등으로요.

1~9까지의 수를 한 자리 수라고 해요. 10~99까지의 수는 두 자리 수, 100~999까지는 세 자리 수라고 해요. 그 수를 나타내는 숫자가 몇 개인지 보면 몇 자리 수인지 알 수 있어요.

숫자를 각 자리에 넣어서 만들면 다음과 같아요.

백의 자리	십의 자리	일의 자리
1	2	3

이처럼 각 자리에 숫자를 넣으면 아주아주 큰 수도 쉽게 표현할 수 있어요.

아래의 수를 읽어볼까요?

천억	백억	십억	억	천만	백만	십만	만	천	백	십	일
9	7	8	6	5	4	7	3	5	2	1	9

'구천칠백팔십육억 오천사백칠십삼만 오천이백십구'라고 읽어요. 50(오십)처럼 끝자리가 0인 경우에는 0은 읽지 않아요.

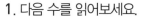

예제 다음 문제를 풀어보아요.

1. 다음 수를 읽어보세요.

① 25　　　　　② 110　　　　　③ 189

④ 3674　　　　⑤ 9999

2. 다음 수를 숫자로 쓰세요.

① 삼십칠　　　② 오백이십　　③ 백일

④ 이천십오　　⑤ 구천팔십

답 166쪽

수의 크기 비교하기

어떤 수가 큰 수인지 어떻게 알 수 있을까요? 수의 크기를 쉽게 비교하기 위해 수직선을 이용해요.

직선을 그리고 일정한 간격으로 눈금을 표시해요. 그리고 눈금에 숫자를 써 넣으면 수직선이 완성되지요. 수직선은 오른쪽으로 갈수록 수가 커지고 왼쪽으로 갈수록 수가 작아지도록 써 넣어요. 이건 약속 같은 것이지요.

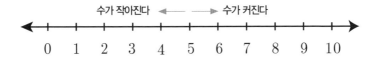

수직선을 보면 2가 1보다 오른쪽에 있지요? 5는 8보다 왼쪽에 있어요. 수직선을 그려보면 수의 크기를 쉽게 비교할 수 있지요.

수의 크기를 나타낼 때 쓰는 기호는 >, <, =가 있어요.

'>, <'는 **부등호**라고 해요.

'>'는 왼쪽에 있는 수가 오른쪽에 있는 수보다 클 때 사용해요.

8 > 5   <small>이렇게요.</small>

'<'는 오른쪽에 있는 수가 왼쪽에 있는 수보다 클 때 사용해요.

$$1 < 2$$ 큰 수 쪽으로 악어가 입을 벌린 모양이에요.

'='는 **등호**로 양쪽에 있는 수의 크기가 같을 때 사용해요.

$$9=9$$

여러 자리의 수는 어떻게 크기를 비교할까요?
먼저 두 수의 크기를 비교할 때는 자릿수를 비교해요.
두 수의 자릿수가 다른 경우를 볼까요?

$$356 > 89$$
세 자리 수   두 자리 수

자릿수가 서로 다를 때는 자릿수가 많은 수가 큰 수예요. 356
과 89를 비교하면 356은 세 자리 수이고 89는 두 자리 수이므
로 356이 큰 수지요.

두 수의 자릿수가 같을 경우

자릿수가 같은 두 수의 경우에는 각 자리의 수끼리 비교해요.
먼저 높은 자리의 수를 서로 비교해 보아요.

482와 397을 비교하면 다음과 같아요

4	8	2
백의 자리	십의 자리	일의 자리
3	9	7

4>3이므로 482>397

십의 자리나 일의 자리 수는 397이 482보다 크지만 백의 자리 수는 482가 397보다 크므로 482>397이 되지요. 자릿수가 같은 두 수의 크기를 비교할 때는 맨 윗자리의 수가 큰 수가 더 커요.

85와 83을 비교해 볼까요?

$$85 > 83$$
5 > 3이므로

맨 윗자리인 십의 자리 수가 8로 같으므로 그 다음 자리인 일의 자리 수끼리 크기를 비교하면 되지요.

그럼 세상에서 가장 큰 수는 무엇일까요?

만(10000)? 억(100000000)? 아니면 조(1000000000000)일까요?

1 다음에 0이 100개 붙으면 가장 큰 수일까요? 그럼 1 다음에 0이 1000개가 붙으면요? 아무리 큰 수를 생각해 봐도 그보다 1

26

더 큰 수가 있기 때문에 세상에서 가장 큰 수라는 것은 없어요. 그저 끝이 없이 수가 커진다고 생각할 수 있지요. 이렇게 끝없이 커지는 것을 **무한대**라고 해요.

계산을 편리하게 도와주는 도구도 있어요.

주판은 사진처럼 나무판의 여러 개의 막대기에 구슬이 꿰어져 있어 계산을 도와주는 도구예요. 위에 있는 구슬알은 5를 나타내고 아래의 구슬알은 각각 1을 나타내요. 이 구슬을 움직여

서 덧셈과 뺄셈을 할 수 있답니다. 아주 오래전부터 사용되어 왔는데 요즘은 계산기 등 편리한 도구가 많아 흔하지는 않지만 중국이나 일본, 러시아 등에서 아직도 사용되고 있어요.

유명한 수학자인 파스칼은 19살 때 덧셈과 뺄셈을 할 수 있는 계산기를 만들었어요. 그리고 지금은 복잡한 계산까지 해 주

는 컴퓨터가 발명되
어 널리 쓰이게 되었
지요.

파스칼이 만든 계산기 '파스칼린'

짝수와 홀수

"홀, 짝."

동전이나 구슬로 이런 게임을 해 본 적이 있나요? 주먹 안에
들어 있는 동전이나 구슬의 수가 홀수인지 짝수인지 맞추는 게
임이지요. 어떤 수가 홀수이고 어떤 수가 짝수일까요?

그림 속 안에 있는 구슬을 두 개씩 짝을 지어 보아요.

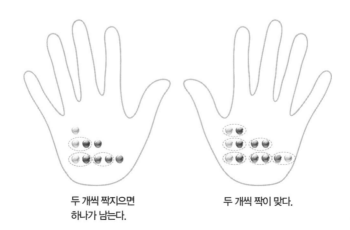

두 개씩 짝지으면
하나가 남는다.

두 개씩 짝이 맞다.

그림처럼 둘씩 짝을 지을 수 있는 수(2, 4, 6, 8, …)는 **짝수**, 둘씩 짝을 지을 수 없는 수(1, 3, 5, 7, …)는 **홀수**라고 해요.

신기한 이야기 : 도마뱀도 수를 센다고?

미국 샌디에이고 동물원에 있는 바위왕도마뱀은 길이가 2m나 되고 성질이 사나운 육식동물이에요. 그런데 이 도마뱀이 수를 셀 수 있다고 해요. 어떻게 알았냐고요? 미국 샌디에이고 동물학회의 존 필립스 박사가 연구했거든요.

먼저 바위왕도마뱀이 좋아하는 달팽이를 준비해요. 여러 개의 방으로 이뤄진 사육장의 각 방마다 네 마리의 달팽이를 숨겨 놓은 뒤 바위왕도마뱀이 숨겨진 네 마리의 달팽이를 모두 찾으면 그 방의 문이 열리게 했어요. 바위왕도마뱀이 두 번째 방에서도 숨겨진 달팽이를 모두 찾으면 다른 방으로 갈 수 있고요.

이렇게 몇 번하다가 필립스 박사는 도마뱀 몰래 방에서 달팽이 한 마리를 뺐어요. 그러자 도마뱀은 어떻게 했을까요? 세 마리의 달팽이를 다 찾고도 사라진 한 마리 달팽이를 찾기 위해 문이 열려도 다음 방으로 가지 않았대요. 바위왕도마뱀은 4라는 수를 셀 수 있었던 거죠.

　박사는 실험을 계속해서 바위왕도마뱀이 6까지 수를 센다는 것을 알게 되었어요.

　그런데 왜 6까지 셀 수 있었을까요? 야생에서의 바위왕도마뱀의 먹이가 되는 동물들을 살펴보니 그 동물들이 낳는 알의 수가 보통 6개였어요. 그래서 바위왕도마뱀은 6까지만 세면 되었던 거예요!

2

수의 연산

덧셈

"전깃줄에 참새가 3마리 앉아 있어요. 2마리가 더 날아와 앉았어요. 전깃줄에 앉은 참새는 모두 몇 마리일까요?"

참새의 수를 모두 구하려면 처음 3마리에 나중에 날아온 2마리를 더해야 해요. 이렇게 어떤 수나 양에 다른 수나 양을 더하는 계산을 **덧셈**이라고 해요. 덧셈 기호로 '+'를 사용하지요.

수 모형으로 나타내면 다음과 같아요.

$$\square\square\square + \square\square = \square\square\square\square\square$$
$$3 \quad + \quad 2 \quad = \quad 5$$

즉 따로 있는 3과 2를 5로 모은 거지요. 거꾸로 2와 3을 모아도 5가 되지요. 이렇게 덧셈에서는 더하는 순서를 바꾸어도 덧셈의 답이 같아요. 덧셈의 답은 **합**이라고 해요.

이 식을 다르게 보면 5=2+3으로 5라는 수를 2와 3으로 가를 수도 있어요. 이런 모으기와 가르기를 이용하면 덧셈을 좀 더 쉽게 할 수 있어요.

계속해서 더하기를 할 수도 있어요. 3+5+2=10처럼요. 이럴 때는 순서를 바꿔서 더해도 합은 같답니다. 5+2+3=10. 맞지요?

받아올림

성주는 블럭 7개로 다리를 만들기 시작했어요. 블럭이 부족해서 상자에서 블럭 6개를 더 꺼내서 다리를 완성했어요. 성주가 다리를 만드는 데 쓴 블럭은 모두 몇 개일까요?

식으로 쓰면 7+6이지요. 7+6 은 6을 3과 3으로 나눈 후 더하 면 조금 더 쉬워요.

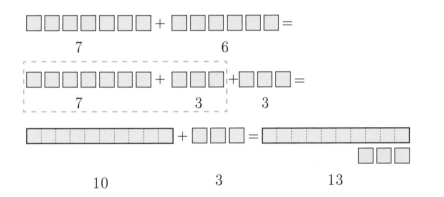

이 식처럼 한 자리 수 더하기 한 자리 수를 했을 때 합이 두 자리 수가 나오는 경우가 있어요. 이를 **받아올림**이라고 해요. 그림처럼 10개 한 묶음을 십의 자리로 올린 거지요.

두 수를 더해서 10이 되는 경우는 다음과 같아요. 알아두면 가르기, 모으기할 때 쉬워요.

$$1+9=9+1=10$$
$$2+8=8+2=10$$
$$3+7=7+3=10$$
$$4+6=6+4=10$$
$$5+5=10$$

그럼 이제 다른 식을 계산해 볼까요?

23+8을 계산해 보아요. 이 식은 20+3+8로 계산하면 돼요.

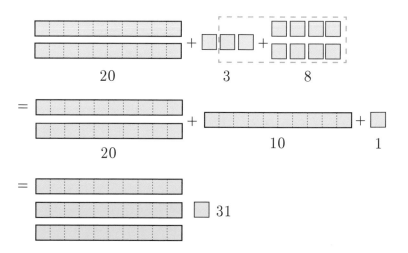

일의 자리 수부터 더하면 20+11 즉 20+10+1이 되어서 31이
답이 되지요.

이번에는 세로로 계산해 볼까요? 세로로 계산할 때는 같은 자리 수끼리 자리를 잘 맞춰서 써야 해요.

$$
\begin{array}{r}
1 \\
2\,3 \\
+\quad 8 \\
\hline
3\,1 \\
\end{array}
$$
(3+8=11)

먼저 일의 자리 수인 3과 8을 더해 줘요. 11이 되지요? 그리고 10을 받아올림하여 앞 자리 수 2에 더해 주면 돼요.

같은 자리 수끼리 더해서 합이 10보다 크거나 같으면 앞 자리 수로 받아올림하여 계산합니다.

그럼 두 자리 수 이상의 덧셈은 어떻게 할까요?

45+52를 구해 볼까요?

$$
\begin{array}{r}
4\,5 \\
+5\,2 \\
\hline
7 \\
+9\,0 \\
\hline
9\,7 \\
\end{array}
$$
(일의 자리 5+2)
(십의 자리 40+50)

십의 자리   일의 자리

오른쪽에서 왼쪽으로 일의 자리부터 계산하면 편리해요

이번에는 받아올림이 있는 조금 더 어려운 덧셈식을 계산해 볼까요?

36+67은 얼마일까요?

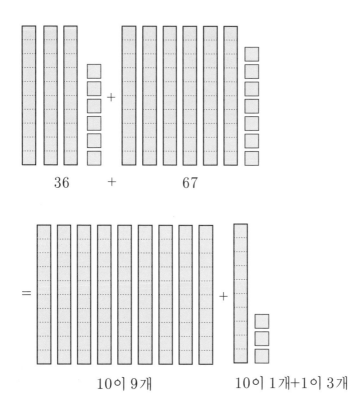

36   +   67

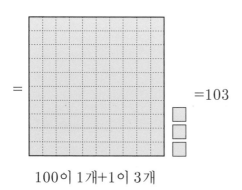

10이 9개   10이 1개+1이 3개

=103

100이 1개+1이 3개

```
      3 6
  +  6 7
      1 3  ◀── 6+7
                (받아올림)
3+6 ──▶  9
    1 0 3
```

　세 자리 수끼리 덧셈이나 네 자리 수+세 자리 수 덧셈도 같은
방법으로 계산하면 돼요. 같은 자리 수끼리 더하고 그 더한 합
이 10보다 크거나 같으면 앞의 자리 수로 받아올림하면서 계산
합니다. 자리 수가 아주아주 많아져도 같은 방법으로 계산하면
어렵지 않아요.

　324+879를 계산해 보아요.

```
    1 1 1
    3 2 4
  +8 7 9
    1 3
      9
  1 1
  1 2 0 3
```

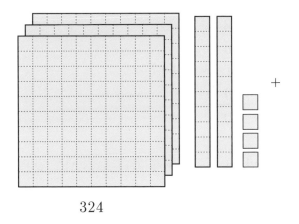

324

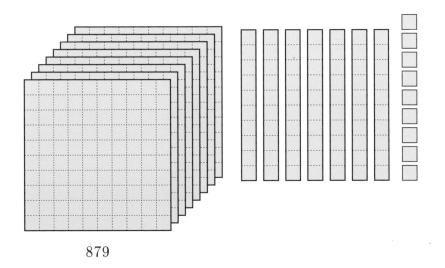

879

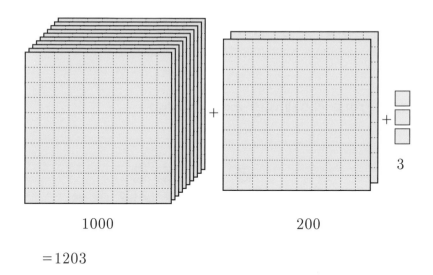

1000   200

=1203

예제   다음 문제를 풀어보아요.

1. ①
$$\begin{array}{r} 3\,5 \\ +\ \ 7 \\ \hline \end{array}$$
②
$$\begin{array}{r} 5\,6 \\ +4\,8 \\ \hline \end{array}$$
③
$$\begin{array}{r} 2\,6\,4 \\ +8\,3 \\ \hline \end{array}$$

④
$$\begin{array}{r} 8\,6\,1 \\ +1\,3\,7 \\ \hline \end{array}$$
⑤
$$\begin{array}{r} 9\,9 \\ +\ \ 5 \\ \hline \end{array}$$

답 167쪽

다음 그림들 다음에 어떤 모양이 올까요?

?

각 모양들 사이의 규칙을 찾아보아요. 먼저 개수를 살펴보니, 1, 3, 6, 10이네요. 홀수과 짝수가 섞여 있어서 규칙 찾기가 좀 어려워요. 그러면 늘어난 개수를 살펴볼까요? 처음에는 1개, 두 번째는 2개가 늘어나고 3번째는 3개가 늘어났어요. 아, 1부터 순서대로 숫자를 더한 것이군요. 그럼 이 규칙에 맞게 물음표에 올 모양을 찾아보아요. 5번째니까 5개가 늘어났겠죠?

$$1+2+3+4+5=15$$

15개가 삼각형을 이루고 있는 모양이 오겠네요.

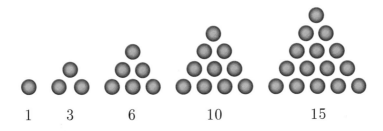

1   3   6   10   15

$$1$$
$$1+2=3$$
$$1+2+3=6$$
$$1+2+3+4=10$$
$$1+2+3+4+5=15$$

이런 규칙이었네요. 그렇다면 저 그림에서 9번째 삼각형의 동그라미 개수는 몇 개일까요? 9번째니까 1~9까지 더하면 되겠네요.

$$1+2+3+4+5+6+7+8+9=45$$

45개예요.

이렇게 삼각형 모양으로 나열되는 '1, 3, 6, 10, …'과 같은 수를 **삼각수**라고 해요.

그럼 사각수도 있을까요?

정사각형 모양으로 나열한 그림을 살펴보아요.

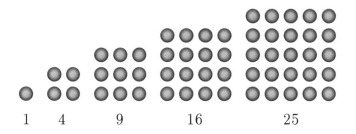

1   4   9   16   25

여기서도 규칙을 찾아보아요. 어떤 규칙이 있을까요?
삼각수처럼 늘어난 개수를 비교해 보아요.

$$1$$
$$1+3=4$$
$$1+3+5=9$$
$$1+3+5+7=16$$
$$1+3+5+7+9=25$$

이번엔 홀수를 1부터 순서대로 더한 값이군요.

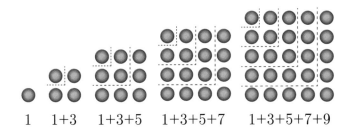

1   1+3   1+3+5   1+3+5+7   1+3+5+7+9

다른 방향으로 생각해 보면 곱셈도 들어 있어요.

$$1\times1=1$$
$$2\times2=4$$
$$3\times3=9$$
$$4\times4=16$$
$$5\times5=25$$

1부터 순서대로 같은 수를 곱해준 값이기도 해요. 이렇게 정사각형 모양으로 나열한 수를 **사각수**라고 해요.

그러면 삼각수와 사각수 사이에는 어떤 관계가 있을까요?

사각수를 둘로 나뉘도록 선을 그어 보아요.

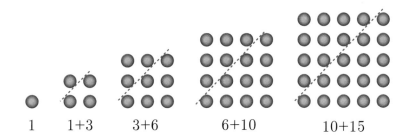

1, 3, 6, 10, 15. 어디서 본 수이지요? 사각수를 둘로 나누니 삼각수 2개가 되는군요. 즉 사각수는 삼각수를 순서대로 2개씩 더한 수네요.

원웅이는 8조각의 피자 중 3조각을 먹었어요. 남은 피자는 몇 조각인가요?

남은 피자 조각을 구하려면 처음 8조각에서 먹은 3조각을 빼야 해요. 이렇게 어떤 수나 양에 다른 수나 양을 빼는 계산을 **뺄셈**이라고 해요. 뺄셈 기호로 '−'를 사용하지요.

수 모형으로 나타내면 다음과 같아요.

□□□□□□□□ − □□□ = □□□□□
   8   −   3   =   5

수 모형에서는 빼는 숫자만큼 지워가는 방법도 있어요.

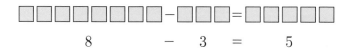

8−3=5

12−6은 어떻게 계산할까요?

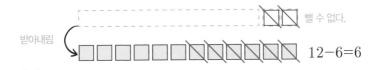

$12-6=6$

빼릴 수 없다.

받아내림

일의 자리끼리 빼려고 보니 2에서 6을 뺄 수가 없지요? 그럴 때는 앞의 자리, 즉 바로 윗자리인 십의 자리에서 10을 가져와 야 해요. 이것을 **받아내림**이라고 해요.

뺄셈을 할 때도 같은 자리 숫자끼리 뺄셈을 해야 해요. 하지만 각 자리 숫자끼리 뺄셈을 할 수 없을 때는 바로 윗자리에서 받 아내림을 하면 돼요. 그렇다면 15−9는 어떻게 하면 쉬울까요?

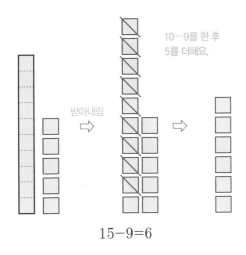

받아내림

10−9를 한 후 5를 더해요.

$15-9=6$

받아내림한 10에서 9를 뺀 후 5를 더하면 계산이 쉬워요.

엄마가 사탕 18개를 주었어요. 원준이는 사탕
3개를 먹고 동생에게 7개를 주었어요. 남은 사
탕은 몇 개일까요?

하나의 식으로 나타내면 다음과 같아요.

18(개)−3(개)−7(개)=8(개)

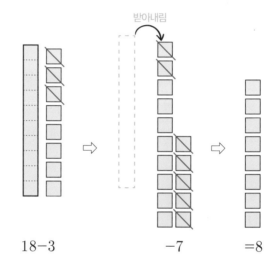

18−3   −7   =8

다음과 같은 문제도 뺄셈으로 계산합니다.

하은이는 13살, 유빈이는 8살입니다. 하은이가 유빈이보다 몇
살 더 많을까요?

13(살)−8(살)=5(살)

두 자리 수 이상의 뺄셈은 자릿수를 맞추어야 해요. 같은 자리끼리 맞춘 후 일의 자리부터 순서대로 계산해요. 예를 들면 75−32는 다음과 같아요.

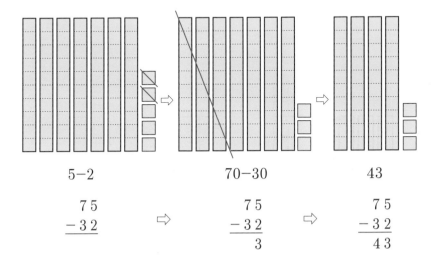

세 자리 수의 뺄셈이나 세 자리 수보다 더 큰 수의 뺄셈도 마찬가지예요. 975−243을 계산해 볼까요.

$$
\begin{array}{r}
9\,7\,5 \\
-\,2\,4\,3 \\
\hline
7\,3\,2
\end{array}
$$

9−2=7 →　732　← 5−3=2

7−4=3

받아내림이 있는 경우는 조금 다릅니다. 54-38을 계산해 볼까요?

$$\begin{array}{r} 5\ 4 \\ -\ 3\ 8 \end{array}$$

4—8을 할 수가 없어요.
윗자리 수인 50에서 10을 가져와야 해요.

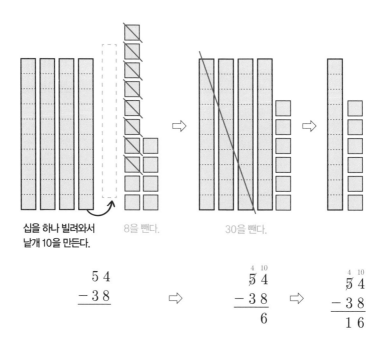

십을 하나 빌려와서
낱개 10을 만든다.

8을 뺀다.

30을 뺀다.

$$\begin{array}{r} 5\ 4 \\ -\ 3\ 8 \end{array} \Rightarrow \begin{array}{r} \overset{4}{5}\ \overset{10}{4} \\ -\ 3\ 8 \\ \hline 6 \end{array} \Rightarrow \begin{array}{r} \overset{4}{5}\ \overset{10}{4} \\ -\ 3\ 8 \\ \hline 1\ 6 \end{array}$$

받아내림을 2번 하는 경우도 있어요. 367-289를 계산해 보아요.

$$\begin{array}{r} \overset{2}{3}\ \overset{5}{6}\ \overset{10}{7} \\ -\ 2\ 8\ 9 \\ \hline 0\ 7\ 8 \end{array}$$

2-2=0 ⟶ 0 7 8 ⟵ 17-9=8

15-8=7

뺄셈의 답은 **차**라고 해요. 뺄셈은 덧셈과 관련이 있어요.

(처음 수)−(빼는 수)=(차)라고 할 때

(차)+(빼는 수)=(처음 수)라는 관계가 성립이 되지요.

5−3=2, 2+3=5처럼 말이에요.

이것을 이용하면 뺄셈의 답이 맞았는지 틀렸는지 검산할 수 있어요.

예제 다음 문제를 풀어보아요.

1. ①   3 4
   −   6

   ②   6 7
   − 2 5

   ③ 4 5 6
   −   7 9

   ④ 1 5 3 2
   −   6 4 8

답 167쪽

재미있는 덧셈과 뺄셈 : 새로운 수 만들기

1부터 9까지의 수 사이에 덧셈과 뺄셈 기호를 넣어 새로운 수를 만들어 보아요.

먼저 사이를 띄어서 1~9까지 수를 나열해요.

1 2 3 4 5 6 7 8 9

저 사이사이에 덧셈이나 뺄셈 기호를 넣어서 여러 가지 수를 만들어 볼 거예요.

가장 큰 수를 만들어 볼까요? 1~9를 전부 더하면 45이지요. 그럼 가장 작은 수는 얼마일까요? 네. 1이죠. 이제 1을 만들어 보세요.

$$1+2+3+4+5-6-7+8-9=1$$

여러분도 마음대로 덧셈과 뺄셈 기호를 넣어서 여러 수를 만들어 보세요.

$$1+2+3+4-5-6+7-8+9 = \square$$

순서대로 더하고 빼다 보면 6을 뺄 수가 없지요? 이럴 때는 덧셈끼리 모으고 뺄셈끼리 모아서 계산하면 더 쉬워요.

$$1+2+3+4+7+9-5-6-8=26-19=7$$

50

덧셈과 뺄셈에서는 서로 자리를 바꾸어도 결과는 같다라는 성질이 있어요. 이 성질을 이용하면 더 많은 수를 만들어 볼 수 있겠죠? 해 보니 몇 가지 수를 만들 수 있었나요?

만들 수 있는 수 : 1, 3, 5, 7, 9, 15 등

아무리 해도 못 만드는 수가 있었나요?

만들 수 없는 수 : 2, 4, 6, 8, 10, 16 등

이상하게 짝수는 만들 수가 없어요. 왜 그럴까요?

1~9까지 모두 더한 수가 45였던 것 기억나지요? 45는 홀수예요. 그럼 하나씩 빼볼까요? 9를 빼면 기분은 45-9일 것 같은데 답은 45-18이 되지요.

$$1+2+3+4+5+6+7+8-9=27=45-18$$
$$1-2+3+4+5+6+7+8+9=41=45-4$$

빼는 수가 어떤 수가 되더라도 전체적으로는 그 빼는 수의 2배만큼 작아지게 되지요.

홀수 – 짝수=홀수

1~9까지의 수는 더하거나 빼도 짝수를 만들 수 없어요. 이것을 **홀수 정리**라고 해요.

선생님이 효주에게 숫자카드 8장과 16칸이 그려진 보드를 주었어요. 보드에는 다음과 같이 써 있었어요.

1~8까지 수와 +, +, −, −, =, =, =, =를 한번씩 이용하여 식을 완성해 보세요

문제

1				
				6
				=

답 167쪽

곱셈

공원에 봄꽃이 활짝 피었어요. "하나, 둘, 셋, 넷, …. 어우 이 많은 꽃을 언제 다 세지?" 시간도 많이 걸리고 금세 지치겠어요. 이럴 때 모아서 세면 좀 더 편리하겠죠? 그래서 꽃을 5개씩 모아서 묶어 보았어요

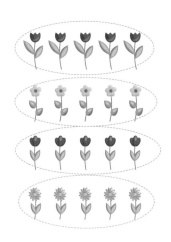

5개씩 모으니 4묶음이 되었지요? 꽃의 전체 개수는 5를 4번 더한 것과 같아요. 즉 20송이지요.

이것은 5를 4배한 것과 같아요. 다르게 표현하면 5×4랍니다. 이처럼 같은 수를 여러 번 더해서 그 값을 구하는 일을 **곱셈**이

라고 해요. 어떤 수의 몇 배라는 건 그 수에 몇을 곱한다는 것과 같아요.

한 시간에 4km를 걷는다면 세 시간 동안 몇 km를 걸을 수 있을까요?

이 문제는 한 시간에 4km씩 세 시간을 걷는 것이므로 4×3으로 식을 세울 수 있어요. 4×3=12이므로 12km를 걸을 수 있지요.

곱셈의 기본으로 곱셈구구가 있어요. 곱셈구구는 1에서 9까지의 수를 두 수끼리 서로 곱한 값을 외우기 쉽게 표나 노래로 만든 것이에요.

곱셈구구를 자세히 살펴보면 2단은 수가 2씩 커지고 3단은 수가 3씩 커지지요. 5단은 외우기가 쉽지요? 5와 0이 번갈아 반복되니까요.

덧셈은 앞의 수와 뒤의 수를 바꿔도 그 값이 늘 같았어요. 곱셈은 어떨까요?

2×3=6에서 순서를 바꿔볼까요? 3×2=6. 어때요? 곱셈도 덧셈처럼 앞의 수와 뒤의 수의 순서를 바꾸어도 그 값은 같답니다. 이것을 **교환법칙**이라고 하는데 이 덕분에 곱셈구구표에서 반만 외워도 다 외운 것과 같답니다.

곱셈구구표를 한번 살펴볼까요?

	1	2	3	4	5	6	7	8	9
1	1	2	3	4	5	6	7	8	9
2	2	4	6	8	10	12	14	16	18
3	3	6	9	12	15	18	21	24	27
4	4	8	12	16	20	24	28	32	36
5	5	10	15	20	25	30	35	40	45
6	6	12	18	24	30	36	42	48	54
7	7	14	21	28	35	42	49	56	63
8	8	16	24	32	40	48	56	64	72
9	9	18	27	36	45	54	63	72	81

파란선을 기준으로
마주보는 값이
같아요.

곱셈구구표

보라색 숫자를 보면 어떤 수에 1을 곱하면 어떤 수 그 자신이 된다는 걸 알 수가 있어요.

만약에 어떤 수에 0을 곱하면 어떻게 될까요?

덧셈과 뺄셈에서는 어떤 수에 0을 더하거나 빼도 그 값에 변화가 없어요. 하지만 곱셈에서는 아무리 큰 수라도 0을 곱하면 그 값이 0이 된답니다.

어떤 수에 10을 곱하는 건 어떻게 될까요? 2×10=20으로 어떤 수 뒤로 0을 하나 붙이면 되지요. 10을 여러 번 곱하면 어떻게 되냐구요? 그 수 뒤에 10을 곱한 수만큼 0을 붙이면 돼요.

$$10×10×10×10×10=100000$$
├─── 5번 ───┤ └ 5개 ┘

24×2를 계산해 보아요.

먼저 일의 자리부터 계산하고 십의 자리 계산한 값을 더해요.

20×2+4×2=48이 되지요.

$$
\begin{array}{r}
2\ 4 \\
\times\quad 2 \\
\hline
4\ 8
\end{array}
$$

2×2 ⟶ 4 8 ⟵ 4×2

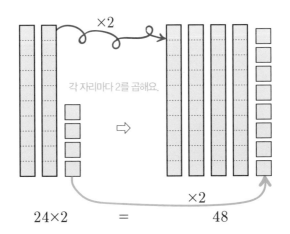

각 자리마다 2를 곱해요.

24×2　　＝　　48

자릿수가 많아져도 방법은 같아요.

321×3을 계산해 볼까요?

300×3+20×3+1×3=963

$$
\begin{array}{r}
3\ 2\ 1 \\
\times\quad\ 3 \\
\hline
9\ 6\ 3
\end{array}
$$

3×3　2×3　1×3

아무리 자릿수가 많아져도 각 자리마다 곱셈을 해서 더해주면
됩니다. 그래서 아주아주 큰 수도 곱셈구구를 알면 계산할 수
있어요.

곱셈에도 받아올림이 있어요. 두 자리 수×한 자리 수로 살펴
볼까요? 이것만 이해하면 여러 자리 수×한 자리 수의 계산은 같
은 방법으로 할 수 있어요.

53×4를 살펴볼까요?

$$
\begin{array}{r}
5\,3 \\
\times \quad 4 \\
\hline
1\,2 \quad \leftarrow 3\times4\\
50\times4 \rightarrow \quad 2\,0\,0 \\
\hline
2\,1\,2
\end{array}
$$

자리를 잘 맞춰야 돼요.

128×5를 해 볼까요?

$$
\begin{array}{r}
1\,2\,8 \\
\times \quad 5 \\
\hline
4\,0 \quad \leftarrow 8\times5\\
2\times5 \rightarrow \quad 1\,0\,0 \\
5\,0\,0 \quad \leftarrow 1\times5\\
\hline
6\,4\,0
\end{array}
$$

두 자리 이상×두 자릿수

14×36은 어떻게 계산할까요?

먼저 일의 자리를 기준으로 자릿수를 맞춘 후 일의 자리부터 순서대로 계산해야 해요. 모든 자리 수를 각각 곱셈한 후 더해요. 즉 14×6을 계산하고 14×30을 계산한 뒤 두 값을 더합니다.

$$
\begin{array}{r}
1\ 4 \\
\times\ 3\ 6 \\
\hline
8\ 4 \\
4\ 2\ 0 \\
\hline
5\ 0\ 4
\end{array}
$$

$1×6=6 \xrightarrow{+2}$ $8\ 4 \leftarrow 4×6=24$

$1×3=3 \longrightarrow$ $4\ 2\ 0 \leftarrow 4×3=12$ $+1$

372×18은 어떻게 계산할까요?

$$
\begin{array}{r}
3\ 7\ 2 \\
\times\ \ \ \ 8 \\
\hline
2\ 9\ 7\ 6
\end{array}
\Rightarrow
\begin{array}{r}
3\ 7\ 2 \\
\times\ \ 1\ 0 \\
\hline
3\ 7\ 2\ 0
\end{array}
\Rightarrow
\begin{array}{r}
3\ 7\ 2 \\
\times\ \ 1\ 8 \\
\hline
2\ 9\ 7\ 6 \\
3\ 7\ 2\ 0 \\
\hline
6\ 6\ 9\ 6
\end{array}
$$

먼저 8을 곱하고   10을 곱하고   자릿수를 맞추어 더한다.

58

0이 들어가 있는 계산을 할 때는 식 중간에 0을 적어야 틀리지 않아요.

$$
\begin{array}{r}
405 \\
\times 50 \\
\end{array}
\quad \Rightarrow \quad
\begin{array}{r}
405 \\
\times 50 \\
\hline
000 \\
20250 \\
\hline
20250 \\
\end{array}
$$

자릿수가 많아도 계산 방법은 같아요.

세 자리 수×세 자리 수를 해 볼까요?

354×295를 계산해 보아요

354×200+354×90+354×5로 계산해요.

$$
\begin{array}{r}
354 \\
\times 295 \\
\hline
1770 \\
\end{array}
\quad \Rightarrow \quad
\begin{array}{r}
354 \\
\times 295 \\
\hline
1770 \\
31860 \\
\end{array}
\quad \Rightarrow \quad
\begin{array}{r}
354 \\
\times 295 \\
\hline
1770 \\
31860 \\
70800 \\
\hline
104430 \\
\end{array}
$$

354×5

354×90

354×200

한 후 모두 더한다.

예제를 통해서 충분히 연습하면 더 좋아요.

예제 다음 문제를 풀어 보아요.

1. ① $\begin{array}{r} 11 \\ \times 5 \\ \hline \end{array}$ ② $\begin{array}{r} 325 \\ \times 3 \\ \hline \end{array}$ ③ $\begin{array}{r} 64 \\ \times 7 \\ \hline \end{array}$

④ $\begin{array}{r} 20 \\ \times 39 \\ \hline \end{array}$ ⑤ $\begin{array}{r} 728 \\ \times 631 \\ \hline \end{array}$

2. 다음을 계산하세요.

① 강서초등학교 6학년이 수련회를 떠납니다. 정원이 45
명인 버스 7대로 출발한다면 몇 명의 학생이 탈 수 있
을까요?

② 하은이가 상자 쌓기를 합니다. 가로로 3개, 세로로 4개씩
5층을 쌓았다면 상자는 모두 몇 개일까요?

③ 하루 24시간은 몇 초일까요?

④ 구운 계란이 3개씩 든 봉지가 70개 있습니다. 구운 계란
은 모두 몇 개일까요?

답 168쪽

142857은 불가사의한 수라고 해요. 왜 그럴까요?

1부터 한번 곱해 보아요.

$$142857 \times 1 = 142857$$
$$142857 \times 2 = 285714$$
$$142857 \times 3 = 428571$$
$$142857 \times 4 = 571428$$
$$142857 \times 5 = 714285$$
$$142857 \times 6 = 857142$$

뭐가 불가사의한 지 찾았나요? 1, 4, 2, 8, 5, 7이 자리만 바꿔 가면서 순서대로 반복되고 있어요. 마치 원을 그려서 자리만 바뀌가듯이 말이지요. 그래서 빙글빙글 수라고 하나 봐요.

7을 곱해 볼까요?

$$142857 \times 7 = 999999$$

마술처럼 갑자기 모든 수가 9로 바뀌었어요.

8이나 9를 곱하면 더 이상 빙글빙글 수가 아니에요. 곱하기 6까지는 빙글빙글 돌다가 곱하기 7에서 999999로 바뀌는 마술

이었네요.

수를 둘씩 셋씩 나누어서 더하면 다음과 같아요.

$$14+28+57=99$$
$$142+857=999$$

142857은 정말 신기한 수지요?

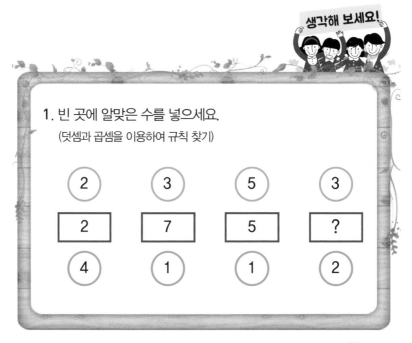

1. 빈 곳에 알맞은 수를 넣으세요.
(덧셈과 곱셈을 이용하여 규칙 찾기)

2	3	5	3
2	**7**	**5**	**?**
4	1	1	2

답 168쪽

나눗셈

"8조각으로 나누어진 피자 한 판을 4명이 먹으려고 해요. 몇 조각씩 먹을 수 있을까요?"

어떻게 나누면 될까요? 그림으로 살펴보면 좀 더 쉬워요.

하나씩 나눠 주고(까만 화살표) 다시 하나씩 나눠 주면(파란 화살표) 한 사람당 2조각씩 받게 되지요. 8조각−4조각을 한 후 다시 −4조각을 한 셈이에요.

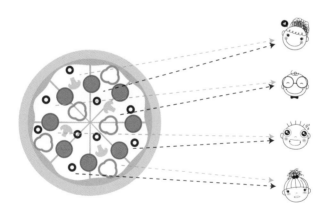

즉 8−4−4=0으로 2번을 빼니 다 나누어졌어요. 이것을 나눗셈 식으로 나타내면 8÷4=2예요.

이렇게 전체를 단위 묶음으로 나누는 식을 **나눗셈**이라고 해요. 나눗셈의 결과는 **몫**이라고 하고 나눗셈의 기호는 '÷'이지요.

거꾸로 4명이 피자를 2조각씩 먹었다면 전체 피자 조각은 8조각이 되지요.

8÷4=2에서 몫과 나눈 수를 곱하면 4×2=8로 처음의 수가 되어요. 나눗셈과 곱셈은 서로 반대의 계산이라고 할 수 있어요.

그럼 사탕 20개를 한 사람에게 4개씩 준다면 모두 몇 명에게 줄 수 있을까요?

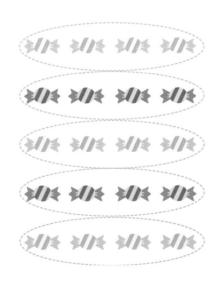

20개의 사탕을 4개씩 묶으면 5묶음이 되어 5명에게 줄 수 있어요. 식으로 쓰면 20÷4=5가 되므로 이런 계산도 나눗셈이에요.

수 모형으로 본다면 다음과 같아요.

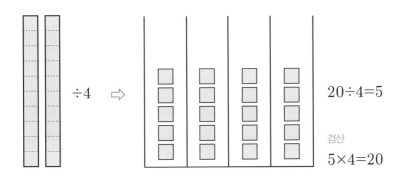

$$20\div4=5$$

검산
$$5\times4=20$$

나눗셈의 몫이 맞았는지 확인하고 싶다면 몫과 나눈 수의 곱셈에 나머지를 더해 보면 확인할 수 있어요. 왜냐하면 나눗셈에서는 나누어지는 수(처음 수)＝몫×나누는 수＋나머지라는 관계가 있기 때문이지요. 나머지가 0이면 나누어지는 수＝몫×나누는 수로 계산하면 쉽게 검산할 수 있어요.

곱셈에서 어떤 수에 1을 곱하면 자기 자신이었던 것과 같이 나눗셈에서도 어떤 수를 1로 나누면 자기 자신이 되지요.

$$5\times1=5 \qquad\qquad 5\div1=5$$

17송이의 꽃을 3명에게 나누어 준다면 한 사람이 몇 송이씩 받을 수 있을까요?

$$
\begin{array}{r}
5 \\
3\overline{)17} \\
15 \\
\hline
2
\end{array}
$$

… 몫

… 나머지

나눗셈을 계산할 때는 곱셈구구를 떠올려요.
3단에서 17보다 작은 수가 나올 때는

… $3 \times 5 = 15$

… $17 - 15 = 2$

$17 \div 3 = 5$, 나머지 2. 즉 한 사람당 5송이씩 받고 꽃이 2송이가 남게 되지요. 나머지가 없을 때는 '나누어떨어진다'고 해요. 나머지는 나누는 수보다 작아야 해요.

나눗셈을 세로로 계산할 때는 먼저 앞자리(윗자리) 수를 나누고 다음 자리 수를 나눠요.

$82 \div 3$을 계산해 보아요.

$$
\begin{array}{r}
2 \\
3\overline{)8} \\
6 \\
\hline
2
\end{array}
$$

먼저 8에 3이 몇 번 들어가는지 계산해요.

… $3 \times 2 = 6$

… $8 - 6 = 2$

$$
\begin{array}{r}
27 \\
3\overline{)82} \\
6 \\
\hline
22 \\
21 \\
\hline
1
\end{array}
$$

22에 3이 몇 번 들어가는지 계산해요.

… 2를 내립니다.

… $3 \times 7 = 21$

… $22 - 21 = 1$

답 : 27(나머지 1)

66

136÷4를 계산해 보아요.

$$\begin{array}{r} 34 \\ 4\overline{)136} \end{array}$$

1에는 4가 들어가지 않으므로 13에 4가 몇 번 들어가는지 계산해요.

$$\begin{array}{r}
34 \\
4\overline{)136} \\
\underline{12}\downarrow \quad \cdots 4\times3=12\\
13-12 \rightarrow 16 \quad \text{6이 내려와요.}\\
\underline{16} \quad \cdots 4\times4=16\\
0 \quad \cdots 16-16=0
\end{array}$$

답 : 34(나머지 0)

예제 다음 문제를 풀어보아요.

1. 다음을 계산하세요.

① 1500원으로 500원짜리 색종이를 몇 개 살 수 있나요?

② 24km의 도로를 자전거로 3시간 동안 같은 속도로 달렸어요. 1시간에 몇 km씩 달렸나요?

③ 600mL의 쥬스를 4번에 나누어 마셨어요. 같은 양씩 마셨다면 한번에 몇 mL씩 마셨나요?

2. 다음 나눗셈을 계산하세요.

① $6\overline{)76}$ ② $2\overline{)95}$ ③ $7\overline{)87}$ ④ $5\overline{)65}$

⑤ $3\overline{)148}$ ⑥ $8\overline{)395}$ ⑦ $4\overline{)231}$ ⑧ $9\overline{)572}$

답 168쪽

두 자리 수의 나눗셈

두 자리 수 나눗셈은 조금 더 복잡해요.

$83 \div 25$를 계산해 볼까요?

$$25 \overline{) \begin{array}{c} 3 \\ 77 \\ 75 \\ \hline 2 \end{array}}$$

···몫은 일의 자리에 맞춰서 써요.
7에 2가 3번 들어가요.

···$25 \times 3 = 75$ (먼저 앞자리 수만 가지고 비교해 봐요.)

···$77 - 75 = 2$

답 : 3(나머지 2)

먼저 앞자리 수만 가지고 어림잡아서 몫을 정해요. 어림한 값이 맞지 않으면 몫을 1씩 줄여가며 계산해요.

$92 \div 37$는 어떻게 할까요?

① $$37 \overline{) \begin{array}{c} 3 \\ 92 \\ 111 \end{array}}$$

···9에 3이 3번 들어가요.

···$37 \times 3 = 111$

뺄 수 없으므로 몫을 2로 다시 계산해요.

답 : 2(나머지 18)

② $$37 \overline{) \begin{array}{c} 2 \\ 92 \\ 74 \\ \hline 18 \end{array}}$$

···$37 \times 2 = 74$

···$92 - 74 = 18$

① 십의 자리 수로 어림해서 몫을 정하고 답이 부적합하면 ② 몫을 1씩 줄여나가요.

큰 수를 나눌 때도 방법은 같아요.

$965 \div 28$을 계산해 보아요.

68

```
        4   ①
28 ) 965        …9에 2가 4번이지만
    112          28×4=112로 96보다 커져요.
```

```
        34   ②
28 ) 965
    84↓      …28×3=84
    125
    112      …28×4=112
    13       답 : 34 (나머지 13)
```

4532÷82를 계산해 보아요.

```
        55  ◀── 몫은 십의 자리부터 맞춰서 써요.
82 ) 4532      4에 8이 안 되므로 45에 8이 5번
    410       …82×5=410
    432
    410       …82×5=410
    22        답 : 55 (나머지 22)
```

세 자리 수 나눗셈도 해 봐야겠죠?

43827÷132를 계산해 보아요.

```
         332
132 ) 43827  ◀── 4에 1은 4번 들어가지만 43에 13은 3번이므로
     396↓        …132×3=396
     422
     396↓        …132×3=396
     267
     264         …132×2=264
     3           답 : 332 (나머지 3)
```

아무리 큰 수를 나누더라도 방법은 같으니 겁내지 말고 차근
차근 풀어 보아요.

예제 다음 문제를 풀어보아요.

1. 다음을 계산하세요.

① $62\overline{)763}$ ② $12\overline{)948}$ ③ $74\overline{)8732}$

④ $53\overline{)635}$ ⑤ $33\overline{)1487}$ ⑥ $89\overline{)3916}$

⑦ $41\overline{)2391}$ ⑧ $97\overline{)5782}$

답 169쪽

혼합계산

덧셈, 뺄셈, 곱셈, 나눗셈이 섞여 있는 식은 어떻게 계산할까요?

다음 식을 보면 덧셈과 뺄셈이 섞여 있어요.

덧셈과 뺄셈이 섞여 있는 식은 앞에서부터 차례로 계산해요.

( )가 있는 식은 ( ) 안을 먼저 계산하고 순서대로 계산해요.

$$23-7+6=22 \qquad 23-(7+6)=10$$

곱셈과 나눗셈이 섞여 있는 식은 앞에서부터 차례로 계산해요.

( )가 있는 식은 ( ) 안을 먼저 계산하고 순서대로 계산해요.

$$24÷6×4=16 \qquad 24-(6×4)=1$$

덧셈, 뺄셈, 곱셈이 섞여 있는 식은 곱셈을 먼저 계산하고 순서대로 계산해요.

( )가 있는 식은 ( ) 안을 먼저 계산해요.

$$70-12+8×3=82 \qquad 70-(12+8)×3=10$$

덧셈, 뺄셈, 곱셈, 나눗셈이 섞여 있는 식은 곱셈과 나눗셈을
먼저 계산하고 순서대로 계산해요.

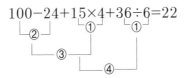

( )가 있는 식은 ( ) 안을 먼저 계산해요. 괄호에는 소괄호 ( ),
중괄호 { }, 대괄호 〔 〕가 있는데 괄호가 여러 개 섞여 있을 때
는 소괄호 ( ) 안을 먼저 계산하고 중괄호 { } 안을 계산해요. 그
리고 대괄호 〔 〕가 있을 경우 대괄호 〔 〕를 계산해요.

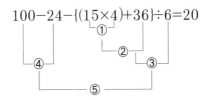

1. 1~9까지의 수를 한 번씩 사용하여 다음 식을 완성하세요.

$$
\begin{array}{r}
(\ ) \\
\times (\ ) \\
\hline
(5)(\ ) \\
+(\ \ )(\ ) \\
\hline
(\ )(\ )(2)
\end{array}
$$

2. 1~9까지 각 수 사이에 +, −, ×, ÷, ( )를 모두 사용하여 등식을 성립시키세요.

$$9 \quad 8 \quad 7 \quad 6 \quad 5 \quad 4 \quad 3 \quad 2 \quad 1 = 42$$

3. 다음 식에서 같은 모양은 같은 숫자를 나타내고 다른 모양은 다른 숫자를 나타낼 때, 각 모양이 나타내는 수를 구하세요.

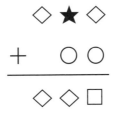

답 169쪽

복면산

식에서 숫자 대신에 모양이나 문자로 나타내는 식을 복면산이라고 해요. 마치 숫자가 모양이나 문자라는 복면을 썼다고 생각하여 그 복면 뒤에 숨은 숫자를 찾아내는 놀이지요. 복면산에서는 같은 모양은 같은 숫자를 나타내며 수의 가장 앞에 놓인 문자나 모양은 0이 될 수 없어요.

3

수의 성질

![배수 아이콘] 배수

30, 45, 15, 20

이 수들의 공통점은 무엇일까요?
바둑알을 이용하여 수들을 나타내어 보아요.

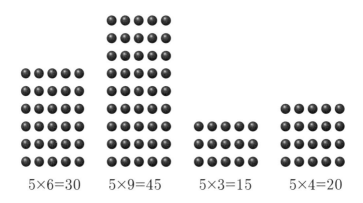

5×6=30   5×9=45   5×3=15   5×4=20

　모두 5에 어떤 수를 곱한 값이지요? 또한 5로 나누어떨어지는
수이기도 합니다. 이런 수들을 5의 배수라고 해요.
　이렇게 어떤 수를 몇 배한 수를 **배수**라고 해요.
　2의 배수는 2를 1배, 2배, 3배, 4배, …한 수로 2, 4, 6, 8, 10,
…인 짝수는 2의 배수이지요. 홀수는 2의 배수보다 1 큰 수라

고 할 수 있어요.

1의 배수는 어떨까요? 1, 2, 3, 4, 5, …와 같이 1부터 시작한 모든 수는 1의 배수가 됩니다. 물론 여기서 모든 수는 자연수를 의미해요. 자연수는 아주아주 많으니까 그 수의 배수도 아주 아주 많고 끝도 없이 커지겠지요?

그러면 배수 중 가장 작은 배수는 무엇일까요? 어떤 수에 1배를 한 어떤 수 그 자신이 되겠지요. 그래서 어떤 수의 배수를 쓸 때는 어떤 수부터 쓰기 시작해요.

2의 배수 - 2, 4, 6, 8, 10, …
7의 배수 - 7, 14 , 21, 28, 35, …
11의 배수 - 11, 22, 33, 44, 55, …

어떤 수가 6의 배수인지 알고 싶으면 어떻게 하면 될까요?
378과 542 중 어느 수가 6의 배수인지 알아보아요.
두 수를 6으로 나눠보면 다음과 같아요.

$$
\begin{array}{r}
63 \\
6\overline{)378} \\
36 \\
\hline
18 \\
18 \\
\hline
0
\end{array}
$$
…나누어떨어짐

$$
\begin{array}{r}
90 \\
6\overline{)542} \\
54 \\
\hline
2
\end{array}
$$
…나누어떨어지지 않음

378은 6의 배수이고 542는 6의 배수가 아니에요. 이처럼 6으로 나누어서 나누어떨어지는 수가 배수예요. 어떤 수의 배수인지 아닌지는 어떤 수로 나누어떨어지는지 확인하면 된답니다.

그런데 수가 커지면 이렇게 일일이 나누어서 떨어지는지 확인하는 데 시간이 많이 걸리겠지요? 그렇다면 조금 더 쉽게 판단할 수 있는 방법은 없을까요?

짝수는 모두 2의 배수이니 일의 자리가 짝수면 모두 2의 배수예요.

계속해서 5의 배수와 10의 배수를 살펴볼까요?

5의 배수 − 5, 10, 15, 20, 25, 30, ⋯

계속 일의 자리 수가 0과 5가 반복되는 것을 알 수 있어요. 즉 일의 자리 수가 0 또는 5이면 5의 배수이지요.

10의 배수 − 10, 20, 30, 40, 50, ⋯, 100, 110, ⋯

일의 자리 수가 0이면 10의 배수라고 할 수 있어요.

그렇다면 9의 배수를 알아보는 쉬운 방법도 있을까요?

126은 9의 배수일까요? 수모형으로 살펴보아요.

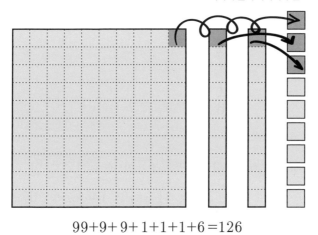

$$99+9+9+1+1+1+6=126$$

$$126 = 100+10+10+6$$
$$= 99+9+9+1+2+6$$

9로 나누어떨어진다.

이렇게 정리해서 보면 어떤 수의 각각의 자리의 수를 더한 값을 구해서 그 값이 9로 나누어떨어지는지 확인하면 9의 배수인지 아닌지 알 수 있어요.

267이 9의 배수인지 알아볼까요?

2+6+7=15. 15는 9로 나누어떨어지지 않고 나머지가 6이 되지요. 그래서 267은 9의 배수가 아니에요. 믿을 수가 없다고요? 그럼 나눗셈으로 확인해 볼까요?

```
      29
  9)267
    18
    ---
    87
    81
    ---
     6
```
… 나머지가 6으로 나누어떨어지지 않아요.

9는 3의 배수이니 이 방법으로 3의 배수인지도 알 수 있어요.

2+6+7=15로 15는 3으로 나누어떨어져요. 즉 267은 3의 배수이지요.

그러면 6은 어떨까요? 3×2=6이므로 3의 배수이면서 짝수이면 6의 배수가 되지요.

1386을 한번 살펴볼까요? 일의 자리인 6이 짝수이니 2의 배수이지요.

1+3+8+6=18로 9로 나누어떨어져요. 그래서 9의 배수예요. 18은 3으로도 6으로도 나누어떨어져요. 즉 3의 배수이면서 6의 배수이기도 하지요. 이렇게 하면 나눗셈을 직접 하지 않아도 어떤 수의 배수인지 아닌지 쉽게 알 수 있어요.

0은 어떤 수의 배수가 될 수 있을까요?

$2 \times 0 = 0$, $9 \times 0 = 0$처럼 0은 어떤 수의 0배로 모든 수의 배수가 됩니다. 하지만 초등 과정에서는 수의 범위를 자연수로 보기 때문에 0을 배수로 사용하지 않아요. 0을 배수로 사용하는 건 수의 범위가 넓어지는 중등 과정부터 생각하도록 해요.

예제 다음 문제를 풀어보아요.

1. 다음 중 4의 배수를 찾아보세요.

   ① 2002   ② 1984   ③ 382   ④ 61   ⑤ 547

2. 다음 계산 중 답이 짝수인 것을 모두 구하세요.

   ① 짝수 + 짝수   ② 짝수 + 홀수   ③ 짝수 - 짝수

   ④ 홀수 + 홀수   ⑤ 홀수 + 짝수   ⑥ 홀수 - 홀수

답 169쪽

공배수와 최소공배수

12는 어떤 수의 배수일까요? 12를 나누어서 떨어지는 수를 알아 보아요.

$$1 \times 12 = 12$$
$$2 \times 6 = 12$$
$$3 \times 4 = 12$$
$$4 \times 3 = 12$$
$$6 \times 2 = 12$$
$$12 \times 1 = 12$$

12를 배수로 둔 수는 1, 2, 3, 4, 6, 12로 여러 개가 있어요. 이렇게 몇 개의 수가 공통으로 가지는 배수를 **공배수**라고 해요.

4와 6을 가지고 공배수에 대해 좀 더 알아보아요.

4의 배수 − 4, 8, 12, 16, 20, 24, 28, 32, 36, …
6의 배수 − 6, 12, 18, 24, 30, 36, …

공통으로 보이는 수들이 있지요? 4와 6의 공배수는 12, 24, 36, …이에요. 이 중에서 12는 4와 6의 공배수 중 가장 작은 수예요. 이렇게 둘 이상의 수의 공배수 중 가장 작은 공배수를 **최소공배수**라고 합니다.

계속해서 다음 예문을 확인해 볼까요?

(가)번 버스는 3분마다 한 대씩 정류장을 지나가고 (나)번 버스는 5분마다 한 대씩 정류장을 지나갔어요. 2시 정각에 두 버스가 동시에 정류장을 지나갔다면 다음에 두 버스가 동시에 정류장을 지나는 시간은 언제일까요?

두 버스가 동시에 정류장을 지나는 시간을 표로 정리해 보아요.

(가) **버스**	2시	3분 후	6분 후	9분 후	12분 후	15분 후
(나) **버스**	2시	5분 후	10분 후	15분 후	20분 후	25분 후

표를 보면 15분 후인 2시 15분에 두 버스가 동시에 정류장을 지나간다는 것을 알 수 있어요. 즉 3과 5의 **최소공배수**인 15를 구해서 풀 수 있는 문제이지요.

예제 다음 문제를 풀어보아요.

1. 다음 수의 최소공배수를 구하세요.

　①5와 10　　　②7과 11　　　③2와 3과 4

　④15와 21　　　⑤4와 8

2. 어느 제과점에서 단팥빵은 15분마다 한 판씩 구워져 나오고 롤케이크는 25분마다 한 상자씩 만들어집니다. 오전 9시에 두 제품이 동시에 만들어져 나왔다면 세 번째로 동시에 만들어지는 시각은 몇 시 몇 분일까요?

답 170쪽

◆♣◈ 약수

12를 배수로 둔 수가 1, 2, 3, 4, 6, 12였던 것을 떠올려 보세요. 이 수들은 모두 12를 나누었을 때 나누어떨어지는 수들이에요. 이렇게 어떤 수로 12가 나누어떨어질 때 이 어떤 수를 12의 **약수**라고 해요. 12의 **약수**는 1, 2, 3, 4, 6, 12로 모두 6개가 있어요.

이번에는 15의 약수를 구해 볼까요? 15는 1×15와 3×5로 표현할 수 있어요. 즉 15의 약수는 1, 3, 5, 15로 4개가 있어요.

약수를 다 구했는지 확인하려면 구한 약수를 짝을 지어 보면 돼요. 6의 약수 1, 2, 3, 6은 1×6, 2×3으로 짝을 지을 수 있어요.

예제 다음 문제를 풀어보아요.

1. 다음 수의 약수를 모두 구하세요.

①24   ②45   ③18   ④56   ⑤4

답 170쪽

공약수와 최대공약수

6과 18의 약수를 구하면 다음과 같아요.

6의 약수 1, 2, 3, 6

18의 약수 1, 2, 3, 6, 9, 18

2개 이상의 수가 공통적으로 가지는 약수를 **공약수**라고 해요. 6과 18의 공약수는 보라색으로 표시한 1, 2, 3, 6의 4개이지요.

두 수를 나누어서 떨어지는 수 중 가장 큰 수가 **최대공약수**이고 이 최대공약수의 약수가 두 수의 공약수가 된답니다. 6과 18의 최대공약수는 6이고 1은 어떤 수를 나눠도 다 나누어떨어지므로 항상 공약수이지요.

예제 다음 문제를 풀어보아요.

1. 다음 수의 공약수와 최대공약수를 구하시오.

   ① 5와 10   ② 14와 35   ③ 15와 18과 60

   ④ 42와 48   ⑤ 11과 33

2. 공원 입구에서 화장실까지의 거리는 360m이고 화장실에서 분수대까지의 거리는 500m입니다. 입구에서 화장실을 지나 분수대까지 같은 간격으로 꽃나무를 심으려고 합니다. 몇 m 마다 심어야 꽃나무가 가장 적게 들까요?

답 170쪽

소수

3과 13의 약수를 구해 보아요.

3의 약수 1, 3

13의 약수 1, 13

3과 13처럼 약수가 1과 자신밖에 없는 수를 소수라고 해요. 하지만 1은 약수가 1밖에 없기 때문에 소수가 아니에요.

4는 어떨까요? 4의 약수는 1, 2, 4가 있으므로 4는 소수가 아니에요. 이렇게 1 이외의 수의 곱셈으로 나타낼 수 있는 수를 **합성수**(비소수)라고 해요. 소수가 아닌 수 중 1을 제외한 나머지 수를 모두 합성수라고 하지요.

이제 1~50까지 수 중에서 소수를 찾아볼까요?

1	2	3	4	5	6	7	8	9	10
11	12	13	14	15	16	17	18	19	20
21	22	23	24	25	26	27	28	29	30
31	32	33	34	35	36	37	38	39	40
41	42	43	44	45	46	47	48	49	50

1. 먼저 1은 소수가 아니니까 지워요.

2. 2를 제외한 짝수는 모두 2의 배수니까 지워요.

3. 3의 배수를 지우고 5의 배수, 7의 배수를 차례대로 지워요.

4. 남은 수가 바로 소수예요.

이 방법은 에라토스테네스가 소수를 찾을 때 사용한 방법으로 **에라토스테네스의 체**라고 해요.

🎲 소인수분해

합성수인 6은 2×3 또는 1×6으로 나타낼 수 있어요. 12는 2×2×3으로 나타내거나 6×2로 나타낼 수 있지요. 이렇게 어떤 수를 곱셈의 곱의 형태로 나타낼 때 각각의 수를 **인수**라고 하고 그중 소수인 것을 **소인수**라고 해요. 6=2×3, 12=2×2×3처럼 합성수를 소수만의 곱으로 나타내는 것을 **소인수분해**라고 해요. 여기에서 2와 3이 소인수예요. 12를 6×2로도 나타낼 수 있지만 6은 소수가 아니기 때문에 소인수분해라고 하지 않아요. 소수는 1과 자기자신만 약수로 가지므로 소인수분해를 할 수 없겠지요?

소인수분해를 왜 하냐고요? 소인수분해를 이용하면 최소공배수나 최대공약수를 쉽게 구할 수 있어요. 예를 들어 24와 16을 소인수분해해 보아요.

$$24=2\times2\times2\times3$$
$$16=2\times2\times2\times2$$

공통으로 들어 있는 2, 2×2, 2×2×2 이렇게 3개가 공약수라는 걸 바로 알 수 있어요. 그리고 2×2×2=8이 최대공약수예요. 48(2×2×2×2×3)은 24(2×2×2×3)의 배수이면서 또한 16(2×2×2×2)의 배수이기도 하니 공배수이지요. 그러면서 가장 작은 공배수이므로 48은 24와 16의 최소공배수예요.

공통된 인수의 곱―최대공약수
공통된 인수와 각자 따로 가진 인수의 곱―최소공배수

8과 12의 최대공약수와 최소공배수를 구해 보아요.

$$8=2\times2\times2$$
$$12=2\times2\times3$$

공통으로 가진 2×2=4가 최대공약수이고 2×2×2×3=24가 최소공배수예요.
이런 식으로 계산하기도 해요.

$$\begin{array}{r|ll} 2 & 8 & 12 \\ \hline 2 & 4 & 6 \\ \hline & 2 & 3 \end{array}$$

···두 수를 나누어떨어지는 수 중 가장 작은 수로 나눈다.

···각 몫을 다시 나누어지는 가장 작은 수로 나눈다.

2×2×2×3=24가 최소공배수예요.

2×2=4 최대공약수

5와 7처럼 소수일 경우에는 최대공약수가 1 하나이고 최소공배수는 5×7=35예요.

예제 다음 문제를 풀어보아요.

1. 소인수분해를 이용하여 다음 수의 최소공배수와 최대공약수를 계산하세요.

① 2와 3과 6　　　② 9와 12　　　③ 15와 10

④ 4와 8　　　⑤ 12과 8

답 171쪽

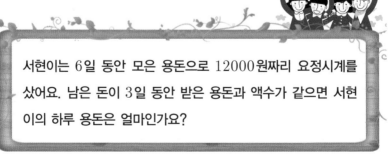

생각해 보세요!

서현이는 6일 동안 모은 용돈으로 12000원짜리 요정시계를 샀어요. 남은 돈이 3일 동안 받은 용돈과 액수가 같으면 서현이의 하루 용돈은 얼마인가요?

답 171쪽

🎲 분수

우유 1L를 아침, 점심, 저녁 세 번에 걸쳐 나누어 마셨어요. 같은 양씩 세 번 마셨다면 한 번에 몇 L씩 마셨나요?

가장 쉽게 확인하는 방법은 우유 1L를 컵 3개에 똑같이 나누어 보는 것이에요.

이제 컵 하나에 담긴 우유의 양을 어떻게 나타낼까요?

똑같이 3으로 나눈 것 중 하나를 의미하는 수는 $\frac{1}{3}$ 이라 쓰고 삼분의 일이라고 읽어요.

전체를 어떤 수로 똑같이 나눈 것 중 일부를 나타내는 수, 예를 들면 $\frac{1}{2}$, $\frac{1}{3}$, $\frac{3}{4}$과 같은 수를 **분수**라고 해요. 그리고 가로선 아래에 있는 수를 **분모**, 위에 있는 수를 **분자**라고 해요.

$$\text{분수 } \frac{1}{3} \quad \begin{array}{l} \leftarrow \text{분자} \quad \textbf{등분한 것 중 몇 개인가} \\ \leftarrow \text{분모} \quad \textbf{몇 개로 등분했는가} \end{array}$$

우유 1L를 세 번에 똑같이 나누어 마셨을 때 한 번에 마신 양은 $\frac{1}{3}$L예요. 똑같이 나누지 않으면 분수로 표현할 수 없어요.

설탕 1kg을 똑같이 2등분하였을 때 그중 하나의 무게는 얼마일까요?

둘로 나눈 것 중 하나니까 $\frac{1}{2}$kg이지요. 1kg은 1000g이니까 500g도 맞아요.

효주는 초콜렛을 똑같이 12조각으로 나눈 후 7조각을 먹었어요. 남은 부분이 전체의 얼마인지 알아보아요.

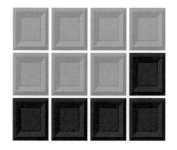

전체를 똑같이 12조각으로 나눈 것 중 5가 남은 것이니 남은 조각은 전체의 $\frac{5}{12}$가 되어요. $\frac{5}{12}$는 $\frac{1}{12}$이 5개인 것과 같아요.

$$\frac{1}{12} + \frac{1}{12} + \frac{1}{12} + \frac{1}{12} + \frac{1}{12} = \frac{5}{12}$$

즉 분모가 같을 경우 분자의 크기가 클수록 수가 크다는 걸 알 수 있어요.

그럼 분자가 1일 경우 분수의 크기는 어떻게 비교할까요?

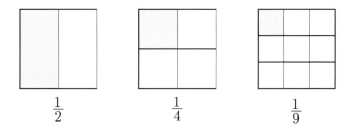

색칠된 조각의 크기를 비교해보면 $\frac{1}{2} > \frac{1}{4} > \frac{1}{9}$이라는 걸 알 수 있어요. 분자가 같으면 분모가 작을수록 더 큰 수가 돼요.

$\frac{1}{2}$, $\frac{1}{3}$, $\frac{1}{4}$과 같이 분자가 1인 분수를 **단위분수**라고 해요(단 분자가 분모보다 작아야 해요).

$\frac{1}{100}$은 똑같이 100개로 나눈 것 중에 하나라는 의미입니다.

사과를 반으로 나눠서 한 쪽씩 두 번 먹었어요. 먹은 양을 분수로 나타내어 보아요.

$\frac{1}{2} + \frac{1}{2} = \frac{2}{2}$ ⇒ 즉 사과 1개와 같아요. 이처럼 분모와 분자가 같은 수이면 곧 1과 같답니다.

$$\frac{1}{1} = \frac{2}{2} = \frac{3}{3} = \frac{4}{4} = \frac{5}{5} = \frac{6}{6} = \frac{7}{7} = \cdots = \frac{100}{100} = 1$$

$\frac{1}{3}$ 처럼 분모가 분자보다 큰 분수를 **진분수**라고 해요.

분모에는 0이 들어갈 수 없어요. 0개로 나눌 수 없기 때문이죠. 그래서 만약 분자가 0이라면 그 분수는 0과 같은 수입니다.

그렇다면 $\frac{1}{3}$ 을 4개 더하면 어떻게 될까요?

$$\frac{1}{3} + \frac{1}{3} + \frac{1}{3} + \frac{1}{3} = \frac{4}{3}$$

분자가 분모보다 큰 분수가 되지요. 이런 분수를 **가분수**라고 해요. $\frac{4}{3}$은 $\frac{3}{3}$에 $\frac{1}{3}$을 더한 것과 같아요. 즉 1에 $\frac{1}{3}$을 더한 셈이지요. $1\frac{1}{3}$이라고 쓰고 '일과 삼분의 일'이라고 읽어요.

이렇게 자연수와 진분수가 합쳐진 분수를 **대분수**라고 해요. 그래서 가분수는 대분수의 형태로 바꿀 수 있어요. 마찬가지로 대분수는 가분수의 형태로 바꿀 수 있지요.

$\frac{1}{4}$ m의 끈을 7개 더한 것을 분수로 나타내 볼까요?

$$\frac{1}{4}+\frac{1}{4}+\frac{1}{4}+\frac{1}{4}+\frac{1}{4}+\frac{1}{4}+\frac{1}{4}=\frac{7}{4}$$

그림으로 나타내면 다음과 같아요

즉 1m의 끈에 $\frac{3}{4}$m 끈을 더한 것과 같아요.

$$\frac{7}{4}=\frac{4}{4}+\frac{3}{4}=1\frac{3}{4}$$

진분수는 대분수로 나타낼 수 없어요. 그리고 $\frac{1}{1}$이나 $\frac{2}{2}$와 같이 분자와 분모가 같은 분수도 가분수랍니다.

예제 다음 문제를 풀어보아요.

1. 다음 가분수를 대분수로 바꿔보아요.

  ① $\frac{9}{2}$ ② $\frac{6}{5}$ ③ $\frac{8}{4}$ ④ $\frac{13}{5}$ ⑤ $\frac{68}{8}$

2. 다음 대분수를 가분수로 바꿔보아요.

  ① $1\frac{2}{3}$ ② $3\frac{4}{7}$ ③ $2\frac{1}{6}$ ④ $1\frac{9}{10}$ ⑤ $4\frac{3}{5}$

답 171쪽

약분과 통분

약분

다음 그림을 분수로 나타내 보세요.

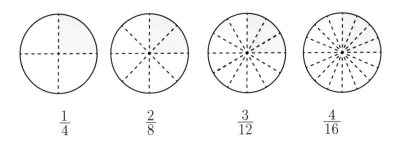

$$\frac{1}{4} \qquad \frac{2}{8} \qquad \frac{3}{12} \qquad \frac{4}{16}$$

각각 다른 분수들이지만 색칠된 부분의 크기는 같아요. 즉 크기가 같은 분수이지요.

$\frac{1}{4}$의 분모와 분자에 같은 수를 곱해 보아요.

$$\frac{1}{4} = \frac{1 \times 2}{4 \times 2} = \frac{1 \times 3}{4 \times 3} = \frac{1 \times 4}{4 \times 4}$$ 모두 크기가 같은 분수가 되지요.

이렇게 분수의 분모와 분자에 0이 아닌 같은 수를 곱하면 크기가 같은 분수를 구할 수 있어요.

이번에는 $\frac{8}{16}$의 분모와 분자를 같은 수로 나누어 보아요.

$$\frac{8}{16} = \frac{8 \div 2}{16 \div 2} = \frac{8 \div 4}{16 \div 4} = \frac{8 \div 8}{16 \div 8}$$ 모두 크기가 같은 분수예요

이렇게 분수의 분모와 분자를 0이 아닌 같은 수로 나누어도 크기가 같은 분수를 구할 수 있어요.이러한 성질을 이용하여 분수의 숫자가 클 경우 분모와 분자를 같은 수로 나누어서 간단하게 만들 수 있어요.

$\frac{4}{12}$ 를 간단하게 만들어 보아요.

$$\frac{4}{12} = \frac{4 \div 2}{12 \div 2} = \frac{4 \div 4}{12 \div 4} = \frac{1}{3}$$

이렇게 분모와 분자를 둘의 공약수로 나누는 것을 **약분한다**고 해요. 그리고 $\frac{1}{3}$처럼 분모와 분자의 공약수가 1뿐인 분수를 **기약분수**라고 해요. 이것은 분모와 분자를 1 이외의 수로는 더 이상 나눌 수 없는 분수를 말해요.

$\frac{8}{24}$을 약분해 볼까요?

먼저 8과 24의 공약수를 구해야 해요. 8과 24의 공약수는 1, 2, 4, 8입니다.

$$\frac{8}{24} = \frac{8 \div 2}{24 \div 2} = \frac{4}{12}$$ 2로 나누면 또 약분이 가능해요.

$$\frac{8 \div 4}{24 \div 4} = \frac{2}{6}$$ 4로 나누면 또 약분이 가능해요.

$$\frac{8 \div 8}{24 \div 8} = \frac{1}{3}$$

8로 나누면 더 이상 약분할 수 없어요.

이 중 최대공약수인 8로 분모와 분자를 나누면 더 이상 약분할 수 없는 기약분수가 돼요. 그래서 약분할 때는 더 이상 약분할 수 없을 때까지 약분해야 해요.

$\frac{4}{2}$를 약분해 볼까요?

$$\frac{4}{2} = \frac{4 \div 2}{2 \div 2} = \frac{2}{1} = 2$$

분모가 1일 때는 분모 1을 생략하여 자연수로 나타내요.

즉 모든 자연수는 분모가 1인 분수라고 생각할 수 있어요.
이번에는 $\frac{6}{3}$을 약분해 볼까요?

$$\frac{\overset{2}{\cancel{6}}}{\underset{1}{\cancel{3}}} = \frac{2}{1} = 2$$

이렇게 약분했을 때 분모가 1이 되는 분수는 자연수예요.

통분

앞에서 분모가 같은 분수일 경우 분자가 클수록 크다로 했지요? 그럼 분모가 다를 경우 크기는 어떻게 비교할까요?

$\frac{1}{4}$ 과 $\frac{1}{8}$의 크기를 비교해 보아요.

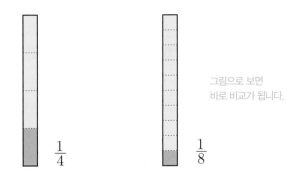

그림으로 보면
바로 비교가 됩니다.

$\frac{1}{4}$ $\frac{1}{8}$

그림을 그리지 않고도 크기를 비교할 수 있는 방법이 있어요.
두 분수의 분모를 같게 만드는 방법이에요.

$$\frac{1}{4} = \frac{1 \times 2}{4 \times 2} = \frac{2}{8} > \frac{1}{8}$$

이렇게 분수의 분모를 같게 하는 것을 **통분한다**고 해요. 그리
고 통분한 분모를 두 분수의 **공통분모**라고 해요.

$$\left(\frac{2}{3}, \frac{3}{5} \right) \Rightarrow \left(\frac{10}{15}, \frac{9}{15} \right) \Rightarrow \left(\frac{20}{30}, \frac{18}{30} \right)$$

공통분모는 여러 개를 찾을 수 있어요. 하지만 가능한 한 가장
작게 만드는 것이 좋아요. 그래서 두 수의 공배수 중에 가장 작

은 최소공배수를 곱해요. 두 수의 공약수가 1일 경우에는 두 수의 곱을 공통분모로 통분해요.

통분하게 되면 분모가 다른 분수의 크기를 비교할 수 있게 되고 분수를 서로 더하거나 뺄 수 있어요.

그럼 여러 개의 분수도 통분할 수 있을까요?

$\frac{2}{3}$, $\frac{1}{4}$, $\frac{5}{6}$ 를 통분해 볼까요?

$$\frac{2}{3}, \frac{1}{4}, \frac{5}{6} \Rightarrow \frac{2 \times 4}{3 \times 4}, \frac{1 \times 3}{4 \times 3}, \frac{5 \times 2}{6 \times 2} \left(\frac{8}{12}, \frac{3}{12}, \frac{10}{12} \right)$$

3, 4, 6의 최소공배수인 12로 통분.

여러 개의 분수도 분모들의 최소공배수로 통분할 수 있어요.

예제 다음 문제를 풀어보아요.

1. 분수를 약분하세요.

① $\frac{6}{8}$ ② $\frac{5}{20}$ ③ $\frac{24}{6}$ ④ $\frac{96}{124}$ ⑤ $\frac{4}{12}$

2. 분수를 통분하세요.

① $\frac{1}{2}$, $\frac{2}{3}$ ② $\frac{1}{4}$, $\frac{3}{5}$ ③ $\frac{1}{6}$, $\frac{2}{9}$ ④ $\frac{1}{2}$, $\frac{1}{3}$, $\frac{1}{4}$

답 172쪽

📦 분수의 덧셈

분모가 같은 분수의 덧셈

  분수를 기약분수로 약분하는 방법도 알았고 분모가 다른 분수를 분모가 같게 통분하는 방법도 알았으니 이제 분수를 더해 보아요.

$\frac{1}{7}$L의 쥬스에 $\frac{3}{7}$L의 쥬스를 더하면 전부 몇 L가 될까요?

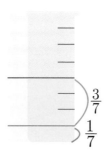

$\frac{3}{7}$은 $\frac{1}{7}$이 3개이므로 $\frac{1}{7}$을 더하면 $\frac{1}{7}$이 4개가 됩니다.

$$\frac{1}{7} + \frac{3}{7} = \frac{1+3}{7} = \frac{4}{7}$$ 분모는 놔두고 분자만 더합니다.

  분모가 같은 진분수의 덧셈은 분모는 그대로 두고 분자끼리 더해요. 기약분수끼리 더했을 때 그 답이 기약분수가 아닐 수도 있어요. 이럴 때는 답을 반드시 기약분수로 고쳐주어야 해요.

예를 들면 사과 $\frac{1}{4}$을 먹고 또 사과 $\frac{1}{4}$을 먹었다면 얼마나 먹었을까요?

$$\frac{1}{4} + \frac{1}{4} = \frac{\overset{1}{\cancel{2}}}{\underset{2}{\cancel{4}}} = \frac{1}{2}$$

$\frac{1}{4}$쪽씩 두 번 먹으면 사과의 반을 먹은 것과 같기 때문에 $\frac{2}{4}$가 아니라 $\frac{1}{2}$를 먹었다고 해야 해요. 분수의 계산문제에서 답은 꼭 기약분수로 약분하는 것! 잊으면 안 돼요.

만약 분자끼리 더한 결과가 가분수면 어떻게 할까요?

$$\frac{4}{7} + \frac{5}{7} = \frac{4+5}{7} = \frac{9}{7} = \frac{7+2}{7} = 1\frac{2}{7}$$

결과는 대분수의 형태로 바꿔줘요. 그래야 자연수를 제외한 분수 부분이 기약분수가 되니까요.

그럼 대분수끼리 더할 때는 어떻게 할까요?

$2\frac{1}{5}$과 $1\frac{3}{5}$을 더해 보아요. 그림으로 살펴보면 다음과 같아요.

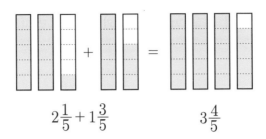

$$2\frac{1}{5}+1\frac{3}{5} \qquad\qquad 3\frac{4}{5}$$

$$2\frac{1}{5}+1\frac{3}{5}=\left(2+\frac{1}{5}\right)+\left(1+\frac{3}{5}\right)=(2+1)+\left(\frac{1+3}{5}\right)=3\frac{4}{5}$$

분모가 같은 대분수끼리 더할 때는 자연수는 자연수끼리, 분수는 분수끼리 분자를 더해요.

그런데 대분수끼리 더했을 때 분수 부분의 분자끼리 더한 값이 가분수로 나오면 어떻게 할까요?

$1\frac{2}{3}+4\frac{2}{3}$를 더해 보아요.

$$1\frac{2}{3}+4\frac{2}{3}=1+4+\frac{2+2}{3}=5\overset{+1}{\underset{}{\frac{4}{3}}}\overset{-3}{=}6\frac{1}{3}$$

분자끼리 더한 값이 가분수이면 대분수로 바꾸어 자연수는 자연수 부분에 더해줘요.

진분수와 대분수를 더할 때는 진분수의 앞에 자연수 0이 있다고 생각하고 더하면 돼요.

$\frac{1}{3}+2\frac{1}{3}$을 더해 보아요.

$$(0)\frac{1}{3} + 2\frac{1}{3} = (0+2) + \frac{1+1}{3} = 2\frac{2}{3}$$

자연수와 대분수를 더하는 건 더 쉽겠죠? 자연수는 분수 부분이 0이라고 생각하고 자연수와 대분수의 자연수끼리 더하고 분수 부분은 그대로 쓰면 되어요.

$$2 + 1\frac{3}{5} = (2+1) + \frac{3}{5} = 3\frac{3}{5}$$

$1\frac{1}{4}+2\frac{3}{4}$를 계산해 보아요.

$$1\frac{1}{4} + 2\frac{3}{4} = (1+2) + \frac{1+3}{4} = 3\frac{4}{4} = 4$$

이런 경우처럼 분수끼리 더하다 보면 답이 자연수가 되기도 해요.

분모가 다른 분수의 덧셈

이제 $\frac{1}{2}+\frac{1}{3}$과 같이 분모가 다른 분수를 더해 볼까요?

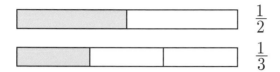

어떻게 하면 두 값을 더할 수 있을까요? 둘다 똑같이 6등분을 하면 더할 수 있겠죠? 이렇게 분모가 다른 경우에는 분모를 같게 만든 후 두 분수를 더해야 해요.

식으로 나타내면 분모인 2와 3의 곱을 분모로 하는 분수로 바꾸어준 다음 분자끼리 더해요.

$$\frac{1}{2}+\frac{1}{3}=\frac{1\times 3}{2\times 3}+\frac{1\times 2}{3\times 2}=\frac{3+2}{6}=\frac{5}{6}$$

그럼 $\frac{3}{4}$과 $\frac{5}{6}$도 더해 볼까요?

분모인 4와 6의 최소공배수는 12이므로 분모를 12로 통분해요.

$$\frac{3}{4} + \frac{5}{6} = \frac{3 \times 3}{4 \times 3} + \frac{5 \times 2}{6 \times 2} = \frac{9 + 10}{12} = \frac{19}{12} = 1\frac{7}{12}$$

더한 값이 가분수이면 대분수로 바꾸어야 해요.

분모가 다른 대분수의 덧셈은 어떻게 할까요?

$2\frac{1}{3} + 4\frac{1}{6}$을 계산해 보아요.

$$2\frac{1}{3} + 4\frac{1}{6} = 2\frac{2}{6} + 4\frac{1}{6} \qquad \Leftarrow \textbf{통분한다.}$$

$$= (2 + 4) + \frac{2 + 1}{6} \qquad \Leftarrow \textbf{자연수끼리, 분자끼리 더한다.}$$

$$= 6\frac{\overset{1}{\cancel{3}}}{\underset{2}{\cancel{6}}} \qquad \Leftarrow \textbf{약분한다.}$$

$$\qquad\qquad\qquad \Leftarrow \textbf{답은 기약분수로 나타낸다.}$$

$$= 6\frac{1}{2}$$

분모가 다른 대분수끼리 더할 때도 먼저 통분한 후 자연수끼리 더하고 분수 부분끼리 더합니다. 더한 값이 약분될 때는 약분해서 기약분수로 만들어야 해요.

분수를 여러 개 더할 때도 방법은 같아요.

$\dfrac{1}{3} + \dfrac{1}{4} + \dfrac{5}{6}$ 를 계산해 보아요.

먼저 통분해야 해요. 분모인 $3, 4, 6$의 최소공배수를 구해요.

$$
\begin{array}{r}
2\,)\overline{3\ \ 4\ \ 6} \\
3\,)\overline{3\ \ 2\ \ 3} \\
\overline{1\ \ 2\ \ 1}
\end{array}
$$

$\quad 2 \times 3 \times 1 \times 2 \times 1 = 12 \Leftarrow$ 최소공배수

통분하면 $\dfrac{1}{3} = \dfrac{4}{12}$, $\dfrac{1}{4} = \dfrac{3}{12}$, $\dfrac{5}{6} = \dfrac{10}{12}$ 이 되므로

$$\dfrac{1}{3} + \dfrac{1}{4} + \dfrac{5}{6} = \dfrac{4}{12} + \dfrac{3}{12} + \dfrac{10}{12} = \dfrac{17}{12} = 1\dfrac{5}{12}$$

가분수는 대분수로 고쳐요.
(받아올림)

분모가 같은 분수를 여러 개 더할 때는 분자끼리만 더하고 분모가 다른 분수를 여러 개 더할 때는 통분을 먼저 한 후 분자끼리 더해요.

예제 다음 문제를 풀어보아요.

1. 다음 분수의 덧셈을 계산하세요.

① $\dfrac{2}{7} + \dfrac{3}{7}$ 　　② $1\dfrac{5}{9} + 3\dfrac{2}{9}$ 　　③ $\dfrac{7}{12} + \dfrac{3}{8}$

④ $2\dfrac{4}{15} + 4\dfrac{3}{10}$ 　　⑤ $2 + 1\dfrac{3}{4} + 5\dfrac{1}{6}$

답 172쪽

음악에도 분수가 사용된다고?

$\frac{3}{4}$, $\frac{4}{4}$ 어디선가 많이 본 듯한 분수지요? 음악책을 펴서 볼까요? 높은 음자리표가 그려지고 바로 옆에 써 있는 숫자. 바로 그 박자표에서 볼 수 있어요.

다음은 '곰 세 마리' 악보의 일부분이에요.

높은 음자리표 옆에 $\frac{4}{4}$가 써 있지요? 악보에 $\frac{4}{4}$가 써 있으면 그 노래는 $\frac{4}{4}$박자라는 걸 의미해요. $\frac{4}{4}$박자가 무엇이냐고요? 한 마디 안에 4분음표 4개가 있도록 박자를 맞추는 노래라는 거예요.

분자인 4는 한 마디 안에 단위음표인 4분음표의 개수를 나타내고 분모인 4는 박자를 세는 단위 음표의 종류가 4분음표라는 걸 나타내요.

온음(o)의 길이를 1로 봤을 때 2분음표(♩)의 길이는 온음을 2로 나눈 것 중 하나로 온음의 $\frac{1}{2}$길이를 가지게 돼요. 4분음표(♩)는 온음을 4로 나눈 것 중 하나이므로 $\frac{1}{4}$, 8분음표(♪)는 온음을 8로 나눈 것 중 하나로 $\frac{1}{8}$이 되지요.

곰 세 마리 악보의 첫 마디를 볼까요?

4분음표 1개, 8분음표 2개, 그리고 다시 4분음표가 2개 있어요. 다 더해 볼까요?

$$\frac{1}{4} + \frac{1}{8} + \frac{1}{8} + \frac{1}{4} + \frac{1}{4} = \frac{4}{4}$$ 다 더하니 $\frac{4}{4}$ 박자가 되네요.

악보에 $\frac{6}{8}$이라고 써 있다면 한 마디에 8분음표가 6개 들어 있어야 제대로 된 악보가 되겠지요?

다음은 성탄절에 많이 들을 수 있는 '고요한 밤 거룩한 밤' 악보예요. 가사 '한'에 어떤 음표가 들어가야 할까요?

$\frac{6}{8}$박자니까 점 8분음표+16분음표＝8분음표 2개, 그리고 점 4분음표는 8분음표 3개를 나타내니까 가사 '한'의 자리에는 8분음표가 1개 들어가야 맞아요.

분수를 음악에도 사용하다니 참 재미있죠? 그 외에도 분수는 축척이나 비율 등에도 다양하게 사용된답니다.

분수의 뺄셈

분모가 같은 분수의 뺄셈

분수의 덧셈을 해 보았으니 분수의 뺄셈도 알아보아요. 분모가 같은 분수의 뺄셈은 어떻게 하면 될까요? 분수의 덧셈과 비슷하지 않을까요?

하은이가 빵을 만들려고 보니 설탕이 $\frac{3}{5}$이 남아 있어요. 빵을 만드는 데 설탕 $\frac{2}{5}$를 넣었다면 남은 설탕은 얼마나 될까요?

그림으로 보면 다음과 같아요.

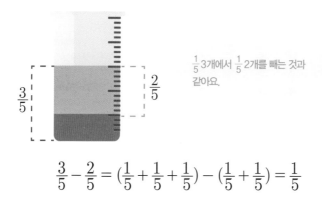

$\frac{1}{5}$ 3개에서 $\frac{1}{5}$ 2개를 빼는 것과 같아요.

$$\frac{3}{5} - \frac{2}{5} = \left(\frac{1}{5} + \frac{1}{5} + \frac{1}{5}\right) - \left(\frac{1}{5} + \frac{1}{5}\right) = \frac{1}{5}$$

덧셈과 마찬가지로 분모가 같은 분수끼리 뺄셈을 할 때는 분모는 그대로 두고 분자끼리 계산하면 돼요.

$\frac{3}{4} - \frac{1}{4}$ 을 계산해 보아요.

$$\frac{3}{4} - \frac{1}{4} = \frac{3-1}{4} = \frac{\overset{1}{2}}{\underset{2}{4}} = \frac{1}{2}$$

111

뺄셈을 할 때도 약분할 수 있을 때는 꼭 약분해 주어야 해요.
그럼 분모가 같은 대분수의 뺄셈은 어떻게 할까요?
$2\frac{4}{6} - 1\frac{3}{6}$ 을 계산해 보아요.

$$2\frac{4}{6} - 1\frac{3}{6} = 2 - 1 + \frac{4-3}{6} = 1\frac{1}{6}$$

분모가 같은 대분수를 뺄 때는 자연수는 자연수끼리, 분수는
분수끼리 빼요.

여운이는 크리스마스 선물로 3m의 목도리를 뜨려고 해요. 지
금 $\frac{4}{7}$m를 떴다면 앞으로 얼마를 더 떠야 하나요?
이 문제를 풀려면 자연수에서 분수를 빼는 방법을 알아야 해요.
그림으로 나타내 볼까요?

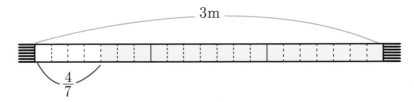

$$3 - \frac{4}{7} = 2 + \frac{7}{7} - \frac{4}{7} = 2 + \frac{7-4}{7} = 2\frac{3}{7}$$

3에서 1을 가분수로 바꾼다.   분수끼리 계산한다.

자연수에서 분수를 뺄 때는 자연수에서 1만큼 가분수로 바꾸

어 자연수는 자연수끼리, 분수는 분수끼리 빼줘요.

$2 - 1\frac{2}{3}$를 계산해 보아요.

$$2 - 1\frac{2}{3} = 1 + \frac{3}{3} - 1 + \frac{2}{3} = (1 - 1) + \frac{3 - 2}{3} = \frac{1}{3}$$

다른 방법으로도 계산할 수 있어요.

$$2 - 1\frac{2}{3} = \frac{6}{3} - \frac{5}{3} = \frac{6 - 5}{3} = \frac{1}{3}$$

자연수와 대분수 모두 가분수로 바꾸어 준다.

자연수와 대분수를 모두 가분수로 바꾸어 분자끼리 빼면 돼요. 만약 계산 결과가 가분수면 대분수로 바꾸어요.

조금 더 복잡한 계산을 해 볼까요?

$3\frac{1}{5}$에서 $1\frac{3}{5}$을 빼 보아요.

$$3\frac{1}{5} - 1\frac{3}{5} = 3 - 1 + \frac{1}{5} - \frac{3}{5} \quad \text{뺄 수 없다.}$$

다음과 같이 이상한 분수 모양으로 바꾸어 계산한다.

$$= 2\frac{6}{5} - 1\frac{3}{5} = 2 - 1 + \frac{6 - 3}{5} = 1\frac{3}{5}$$

자연수에서 1만큼 가분수로 만들어 분수에 더해 준다 (받아내림한다)

이렇게 계산해도 돼요

$$3\frac{1}{5} - 1\frac{3}{5} = \frac{16}{5} - \frac{8}{5} = \frac{8}{5} = 1\frac{3}{5}$$

모두 가분수로 바꾼다.

분모가 같은 대분수끼리 뺄 때는 대분수를 모두 가분수로 바꾸어 분자끼리 계산하거나 자연수에서 1만큼을 가분수로 바꾸어 분수 부분에 더해 준 후 자연수는 자연수끼리, 분수는 분수끼리 빼요. 자연수에서 1만큼을 가분수로 바꾸어 주는 걸 **받아내림한다**고 해요. 계산결과가 가분수로 나올 때는 대분수로 바꾸어요.

분모가 다른 분수의 뺄셈

분모가 다른 분수를 뺄 때는 어떻게 해야 할까요?

준규는 찐빵 $4\frac{1}{3}$ 개를 먹고 하은이는 $2\frac{1}{6}$ 개를 먹었어요. 준규는 하은이보다 찐빵을 얼마나 더 먹었나요?

식으로 만들면 $4\frac{1}{3} - 2\frac{1}{6}$ 이 돼요.

$$4\frac{1}{3} - 2\frac{1}{6} = 4\frac{2}{6} - 2\frac{1}{6}$$ 3과 6의 최소공배수인 6으로 통분한다.

$$= 4 - 2 + \frac{2-1}{6}$$ 자연수끼리, 분수끼리 계산한다.

$$= 2\frac{1}{6}$$

준규가 하은이보다 $2\frac{1}{6}$개만큼 더 먹었어요

분모가 다른 분수의 덧셈처럼 먼저 통분해서 분모를 같게 만들어요. 그리고 앞에서 배운 분모가 같은 분수의 뺄셈 방법으로 계산하면 돼요.

$4\frac{1}{6} - 1\frac{3}{4}$를 계산해 보아요.

$$4\frac{1}{6} - 1\frac{3}{4} = 4\frac{2}{12} - 2\frac{9}{12}$$ 통분한다.

$$= 3\frac{14}{12} - 2\frac{9}{12}$$ 4에서 1을 가분수로 바꾸어 분수에 더한다.

$$= 3 - 2 + \frac{14-9}{12}$$ 자연수끼리, 분수끼리 계산한다.

$$= 1\frac{5}{12}$$

또는 두 대분수를 통분한 후 모두 가분수로 만들어요.

$$4\frac{1}{6} - 1\frac{3}{4} = 4\frac{2}{12} - 2\frac{9}{12}$$ 통분한다.

$$= \frac{50}{12} - \frac{33}{12}$$ 가분수로 만든다.

$$= \frac{17}{12}$$ 계산결과가 가분수면 대분수로 바꾼다.

$$= 1\frac{5}{12}$$

어느 방법으로 계산하든 결과는 같아요

분수를 여러 개 뺄 때는 어떻게 할까요?

$\frac{5}{6} - \frac{3}{6} - \frac{1}{6}$을 계산해 보아요.

$$\frac{5}{6} - \frac{3}{6} - \frac{1}{6} = \frac{1}{6}$$

분모가 같을 때는 분자끼리 계산하면 간단해요. 분모가 다른

경우도 볼까요?

$\frac{3}{4} - \frac{1}{3} - \frac{1}{6}$를 계산해 보아요.

먼저 통분을 하려면 최소공배수를 구해야겠지요? 분모인 4,

3, 6의 최소공배수를 구해 보아요

$$
\begin{array}{r|lll}
2 & 4 & 3 & 6 \\
\hline
3 & 2 & 3 & 3 \\
\hline
 & 2 & 1 & 1 \\
\end{array}
$$

━━▶ 2×3×2×1×1 =12= 12 ⇦ 최소공배수 12

12로 분모를 통분해요.

$$\frac{3}{4} - \frac{1}{3} - \frac{1}{6} = \frac{9}{12} - \frac{4}{12} - \frac{2}{12} = \frac{\overset{1}{\cancel{3}}}{\underset{4}{\cancel{12}}} = \frac{1}{4}$$

분모가 다른 대분수의 뺄셈은 어떻게 계산할까요.
$5\frac{3}{8} - 1\frac{1}{2} - 2\frac{3}{4}$ 을 계산해 보아요.
먼저 8과 2와 4의 최소공배수를 구해요.

$$
\begin{array}{r|l}
2 & 8\ 2\ 4 \\
\hline
2 & 4\ 1\ 2 \\
\hline
& 2\ 1\ 1
\end{array}
$$

$\longrightarrow 2\times2\times2\times1\times1 = 8 \Leftarrow$ 최소공배수 8

$$5\frac{3}{8} - 1\frac{1}{2} - 2\frac{3}{4} = 5\frac{3}{8} - 1\frac{4}{8} - 2\frac{6}{8} \quad \text{통분한다.}$$
$$= 4\frac{11}{8} - 1\frac{4}{8} - 2\frac{6}{8}$$
자연수에서 1 받아내림
$$= (4 - 1 - 2) + \frac{11 - 4 - 6}{8}$$
$$= 1\frac{1}{8}$$

분모가 다른 분수의 계산은 먼저 통분한 후에 덧셈이나 뺄셈
을 하면 돼요.

예제 다음 문제를 풀어보아요.

1. 분모가 같은 분수의 뺄셈을 해 보아요.

① $\dfrac{7}{8} - \dfrac{5}{8}$ ② $2\dfrac{3}{4} - 1\dfrac{1}{4}$ ③ $3\dfrac{1}{12} - 2\dfrac{3}{12}$

④ $6\dfrac{7}{9} - 1\dfrac{4}{9} - 3\dfrac{2}{9}$ ⑤ $3\dfrac{2}{7} - 1\dfrac{3}{7} - 1\dfrac{5}{7}$

2. 분모가 다른 분수의 뺄셈을 해 보아요.

① $\dfrac{3}{4} - \dfrac{2}{3}$ ② $1\dfrac{1}{2} - 1\dfrac{1}{6}$ ③ $2\dfrac{2}{3} - 1\dfrac{1}{4}$

④ $\dfrac{7}{8} - \dfrac{3}{4} - \dfrac{1}{16}$ ⑤ $5\dfrac{9}{13} - 3\dfrac{17}{26} - \dfrac{5}{39}$

답 172쪽

오늘 석민이는 아침에 우유를 $1\dfrac{1}{2}$컵, 저녁에 $2\dfrac{2}{5}$컵을 마셨어요. 원석이는 아침에 우유를 $\dfrac{4}{5}$컵, 저녁에 $3\dfrac{1}{3}$컵을 마셨어요. 두 사람이 사용한 컵의 크기가 같다면 오늘 우유를 더 많이 마신 사람은 누구일까요?

답 172쪽

분수의 곱셈

분수의 덧셈과 뺄셈을 해 보았어요. 이번에는 분수의 곱셈을 해 볼까요?

가로의 길이가 $\frac{3}{4}$m, 세로의 길이가 $\frac{2}{3}$m인 직사각형 모양 땅이 있습니다. 이 땅의 넓이는 얼마일까요?

이 땅의 넓이를 구하려면 분수끼리 곱해줘야 해요.

그림으로 나타내면 다음과 같아요.

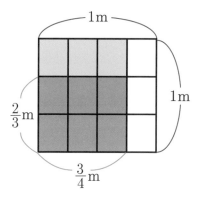

가로 1m, 세로 1m인 땅을 가로로 4개로 나눈 것 중 3개를 노란색으로 색칠하고 색칠한 부분을 세로로 3개로 나눈 것 중 2개를 색칠하면 겹쳐서 색칠한 부분의 땅이 구하려는 넓이가 돼요.

$$\frac{3}{4} \times \frac{2}{3} = \frac{3 \times 2}{4 \times 3} = \frac{\overset{2}{\cancel{6}}}{\underset{2}{\cancel{12}}} = \frac{1}{2}$$

답은 $\frac{1}{2}$ m²가 되지요.

즉 분수끼리 곱할 때는 분모는 분모끼리, 분자는 분자끼리 곱해요. 곱해서 나온 결과는 꼭 기약분수로 약분해야 해요.

이번에는 $\frac{4}{3} \times \frac{1}{2}$ 을 계산해 보아요.

$$\frac{4}{3} \times \frac{1}{2} = \frac{4 \times 1}{3 \times 2} = \frac{\overset{2}{\cancel{4}}}{\underset{3}{\cancel{6}}} = \frac{2}{3}$$

가분수의 곱셈도 진분수의 곱셈과 같이 분모끼리, 분자끼리 곱해요. 계산 결과 약분할 수 있으면 약분해요.

다시 한 번 이 식을 살펴볼까요?

$$\frac{4}{3} \times \frac{1}{2} = \frac{\overset{2}{\cancel{4}} \times 1}{3 \times \underset{1}{\cancel{2}}}$$ 분모와 분자 모두 2로 나누어지므로 약분한다.

$$= \frac{2}{3}$$

이처럼 분수의 곱셈에서는 중간에 약분할 수 있으면 약분해 줘요. 다 계산한 후 결과를 약분할 수도 있지만 이렇게 중간에 약분하면 계산이 조금 더 단순해져요.

$\dfrac{5}{6} \times \dfrac{9}{10}$을 계산해 보아요.

분모 6과 분자 9를 3으로 나눈다.

$$\frac{5}{6} \times \frac{9}{10} = \frac{\overset{1}{\cancel{5}} \times \overset{3}{\cancel{9}}}{\underset{2}{\cancel{6}} \times \underset{2}{\cancel{10}}} = \frac{1 \times 3}{2 \times 2} = \frac{3}{4}$$

분모 10과 분자 5를 5로 나눈다.

이렇게 동시에 2개의 약분을 할 수 있어요.

자연수와 분수의 곱셈

자연수와 진분수를 곱해 보아요.

$4 \times \dfrac{1}{3}$을 계산해 볼까요?

$$4 \times \frac{1}{3} = \frac{4}{1} \times \frac{1}{3} = \frac{4 \times 1}{3} = \frac{4}{3}$$

자연수를 분수의 형태로 바꾸어 계산하면 돼요. 자연수는 분모 1이 생략된 분자로 보기 때문에 자연수와 진분수를 곱할 때는 분모는 그대로 두고 자연수를 분자와 곱하면 됩니다.

$\dfrac{3}{4} \times 12$를 계산해 보아요.

$$\frac{3}{\cancel{4}_{1}} \times \cancel{12}^{3} = 3 \times 3 = 9$$

식에서 바로 약분하여 계산할 수 있어요.

이처럼 주어진 곱셈에서 바로 약분하면서 계산할 수도 있어요.
이번에는 자연수와 대분수를 곱해 볼까요?
$1\frac{1}{3} \times 5$ 를 계산해 보아요.

$$1\frac{1}{3} \times 5 = \frac{4}{3} \times 5 = \frac{4 \times 5}{3} = \frac{20}{3} = 6\frac{2}{3}$$

대분수를 가분수로 바꾸어 분자에 자연수를 곱해요. 물론 다른 방법도 있어요.

$$1\frac{1}{3} \times 5 = (1 \times 5) + \frac{1}{3} \times 5 = 5 + \frac{5}{3} = 5 + 1\frac{2}{3} = 6\frac{2}{3}$$

대분수의 자연수 부분과 분수 부분에 각각 자연수를 곱해도 되어요.

대분수×대분수

대분수와 대분수를 곱할 때는 어떻게 할까요?
$1\frac{4}{5} \times 2\frac{1}{6}$ 을 계산해 보아요.

$$1\frac{4}{5} \times 2\frac{1}{6} = \frac{9}{5} \times \frac{13}{6}$$ 대분수를 가분수로 고친다.

$$= \frac{\overset{3}{\cancel{9}} \times 13}{5 \times \underset{2}{\cancel{6}}}$$ 약분한다.

$$= \frac{39}{10}$$

$$= 3\frac{9}{10}$$ 다시 대분수로 바꾼다.

분수의 곱셈은 분모와 분모, 분자와 분자끼리 곱하고 대분수는 가분수로 바꾸어 계산하면 돼요.

그럼 분수를 여러 개 곱할 때는 어떻게 할까요?

$\frac{2}{5} \times \frac{1}{4} \times \frac{5}{3}$ 를 계산해 보아요.

$$\frac{2}{5} \times \frac{1}{4} \times \frac{5}{3} = \frac{\overset{1}{\cancel{2}} \times 1 \times \overset{1}{\cancel{5}}}{\underset{1}{\cancel{5}} \times \underset{2}{\cancel{4}} \times 3}$$ ⇐ 분모 5와 분자 5를 약분
⇐ 분모 4와 분자 2를 약분

$$= \frac{1}{6}$$

위에서처럼 세 분수를 분모는 분모끼리, 분자는 분자끼리 곱하면서 약분이 가능한 것은 약분하고 계산해요. 다른 방법으로는 앞에서부터 순서대로 두 분수씩 계산해도 돼요. 물론 주어진 곱셈식을 바로 약분해서 계산해도 됩니다.

정비례와 곱셈

부피 1L인 물의 무게는 1kg이에요. 부피가 2L인 생수의 무게는 어떻게 될까요? 3L인 경우의 무게도 알아볼까요?

2L는 1L가 2개니까 2kg이 되지요. 부피가 3L이면 1L가 3개로 무게는 3kg이 돼요. 즉 부피가 2배, 3배로 커지면 무게도 2배, 3배로 커져요. 이런 관계를 **비례한다**고 해요. 물의 부피와 무게는 서로 비례하는 거지요. 부피가 커질수록 무게도 같이 커지면 **정비례관계**라고 하고 한쪽이 커질수록 다른 쪽이 작아지면 **반비례관계**라고 해요.

그럼 물엿 1L의 무게는 2kg이라고 했을 때 물엿 $\frac{1}{3}$ L의 무게는 어떻게 될까요?

물엿의 부피가 $\frac{1}{3}$ 배가 되었으니 무게도 $\frac{1}{3}$ 배가 되어요. 2kg의 $\frac{1}{3}$ 배는 분수의 곱셈을 이용하면 계산할 수 있어요.

$$2 \times \frac{1}{3} = \frac{2}{1} \times \frac{1}{3} = \frac{2}{3} \text{kg}$$

사과 한 개의 가격이 500원일 때 귤 한 개의 가격이 사과 한 개 가격의 $\frac{1}{5}$ 이라면 귤 한 개의 가격은 얼마일까요?

사과 한 개가 500원이면 100원짜리가 5개입니다.

귤 한 개의 가격이 사과의 $\frac{1}{5}$ 이라면 500원을 5로 나눈 것 중의 하나이니 100원이 되겠네요.

식으로 하면 다음과 같습니다.

$$500 \times \frac{1}{5} = \frac{500}{1} \times \frac{1}{5} = \frac{\overset{100}{\cancel{500}} \times 1}{1 \times \underset{1}{\cancel{5}}} = 100$$

이처럼 어떤 수의 $\frac{\diamond}{\triangle}$이라는 건 어떤 수에 $\frac{\diamond}{\triangle}$를 곱하는 것과 같아요.

4의 $\frac{1}{2}$은 4를 2로 나눈 것 중 하나를 의미하므로 $4 \times \frac{1}{2}$로 계산하면 돼요.

단위분수 × 단위분수

$\frac{1}{2}, \frac{1}{3}, \frac{1}{4}$처럼 분자가 1인 분수를 단위분수라고 해요. 이 단위분수끼리 곱해 보아요.

$$\frac{1}{2} \times \frac{1}{3} = \frac{1}{(2 \times 3)} = \frac{1}{6}$$

단위분수끼리의 곱셈에서는 분자가 1이므로 분자끼리 곱은 항상 1이지요. 그래서 분자는 그대로 놔두고 분모끼리만 곱해요. 단위분수끼리의 곱셈은 분자는 그대로인데 분모가 커지는 곱셈이므로 단위분수끼리의 곱은 원래의 수보다 작아져요.

$$\frac{1}{2} > \frac{1}{2} \times \frac{1}{3}$$

곱셈이라면 곱한 만큼 몇 배로 커진다고 생각해요. 배수를 생각해 보면 맞는 이야기예요. 2×3=2+2+2처럼 곱하는 것은 처음 수를 곱하는 수만큼 더하는 것이니까요. 그래서 2의 3배, 4배, 5배로 갈수록 수는 커지지요.

하지만 곱한다고 꼭 값이 커지기만 할까요? 앞에서 살펴본 단위분수끼리의 곱은 곱할수록 그 값이 작아져요. 이처럼 곱셈을 해서 값이 더 작아지는 곱셈도 있어요. 어떤 경우가 있을지 알아볼까요.

$$\Diamond \times 3 = \Diamond \ \Diamond \ \Diamond$$

그림처럼 원래 수에 1을 제외한 자연수를 곱하면 그만큼 수가 커져요.

$$\Diamond \times 1 = \Diamond$$

원래 수에 1을 곱하면 원래 수 자신이 되지요.
그러면 원래 수에 $\frac{1}{2}$을 곱해 볼까요?

$$\diamond \times \frac{1}{2} = \triangleleft$$

◇에 $\frac{1}{2}$을 곱한다는 건 ◇를 둘로 나눈 것 중 하나가 되는 것이예요. 그래서 $\frac{1}{2}$을 곱한 값은 원래 수보다 작아져요.

분수를 곱하면 다 작아질까요? 그렇지는 않아요.

$$\diamond \times \frac{3}{2} = \diamond \ \triangleleft$$

◇에 가분수인 $\frac{3}{2}$을 곱하면 ◇를 둘로 나눈 것을 3개 더하는 것과 같으므로 $\frac{3}{2}$을 곱한 값은 원래 수보다 커져요.

이를 정리하면 다음과 같습니다.

처음 수에 1보다 큰 값을 곱하면 처음 수보다 커져요.
처음 수에 1을 곱하면 처음 수와 같아요.
처음 수에 1보다 작은 수를 곱하면 처음 수보다 작아져요.

예제 다음 문제를 풀어보아요.

1. 분수의 곱셉을 해 보아요.

① $\dfrac{5}{8} \times \dfrac{4}{10}$ ② $7 \times \dfrac{3}{28}$ ③ $1\dfrac{2}{5} \times 20$

④ $2\dfrac{3}{4} \times 3\dfrac{2}{5}$ ⑤ $\dfrac{3}{10} \times \dfrac{5}{9}$

2. 계산 결과를 비교하여 ○안에 >, =, <를 알맞게 넣으세요.

① $\dfrac{2}{3} \times \dfrac{1}{5}$ ○ $\dfrac{1}{5}$ ② $2\dfrac{1}{4} \times 3\dfrac{2}{3}$ ○ $3\dfrac{2}{5}$

답 173쪽

분수의 나눗셈

끈 하나를 4등분해 보아요.

1÷4는 끈을 4개로 나눈 것 중의 하나를 말해요. 그래서 1의 $\frac{1}{4}$이라고 말할 수 있지요?

1의 $\frac{1}{4}$ 은 $1 \times \frac{1}{4}$ 이므로 다음과 같이 식을 쓸 수 있어요.

$$1 \div 4 = 1 \times \frac{1}{4} = \frac{1}{4}$$

그러면 3 ÷ 4는 어떻게 계산할까요?

$$3 \div 4 = 3 \times \frac{1}{4} = \frac{3}{4}$$

이 식을 살펴보면 나누는 수를 분수로 바꾸어 곱해줘야 해요. 나누는 수를 분수로 바꿀 때는 분모와 분자를 서로 바꾸어 줘요. 이렇게 분모와 분자를 바꾼 수를 **역수**라고 해요. $\frac{2}{1}$의 역수는 $\frac{1}{2}$. 즉 서로 곱해서 1이 되는 수를 말해요.

이렇게 자연수의 나눗셈을 분수의 곱셈으로 나타낼 수가 있어요. 1÷4처럼 몫이 자연수가 나오지 않는 나눗셈의 경우 분수의 곱셈으로 계산하면 나눗셈의 몫 자체가 분수가 되는 것이지요.
$\frac{2}{3} \div 2$를 계산해 볼까요?

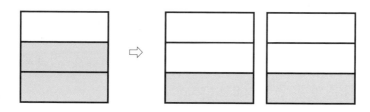

$$\frac{2}{3} \div 2 = \frac{2}{3} \times \frac{1}{2} = \frac{1}{3}$$

2의 역수 $\frac{1}{2}$ 을 곱한다.

약분한다.

　진분수를 자연수로 나눌 때는 분수의 곱셈으로 바꾸어 계산
해요. 가분수를 자연수로 나누어 $\frac{5}{2} \div 5$를 계산해 보아요.

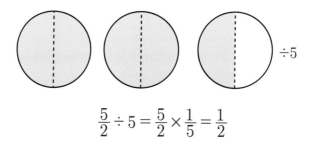

$$\frac{5}{2} \div 5 = \frac{5}{2} \times \frac{1}{5} = \frac{1}{2}$$

　가분수의 나눗셈도 나누는 수를 역수로 곱해서 계산해요.
$1\frac{2}{3} \div 4$를 계산해 보아요.

$$1\frac{2}{3} \div 4 = \frac{5}{3} \times \frac{1}{4} = \frac{5}{12}$$

가분수로 고친다.

대분수의 나눗셈은 먼저 대분수를 가분수로 고친 후 분수의 곱셈으로 계산해요. 이렇게 분수의 나눗셈은 분수의 곱셈으로 바꾸어서 계산하면 쉬워요.

$\frac{3}{4} \div \frac{6}{9}$을 계산해 보아요.

$$\frac{3}{4} \div \frac{6}{9} = \frac{\overset{1}{\cancel{3}}}{4} \times \frac{9}{\underset{2}{\cancel{6}}} = \frac{9}{8} = 1\frac{1}{8}$$

분모가 같은 진분수끼리 나눌 때는 다른 방법이 있어요.

$\frac{6}{9} \div \frac{2}{9}$를 계산해 보아요.

$$\frac{6}{9} \div \frac{2}{9} = 6 \div 2 = 3$$

분자끼리만 계산한다.

$$\frac{6}{9} \div \frac{2}{9} = \frac{\overset{3}{\cancel{6}}}{\underset{1}{\cancel{9}}} \times \frac{\overset{1}{\cancel{9}}}{\underset{1}{\cancel{9}}} = 3$$

역수를 곱한다.

분모가 같은 진분수끼리 나눌 때는 분자끼리만 나눗셈을 해요. 물론 나누는 수의 분모와 분자를 바꾸어 곱해도 돼요.

분모가 같은 진분수에 분모가 같은 단위 분수를 나눌 때는 분자끼리 나눗셈을 하거나 단위 분수의 분모를 진분수의 분자에 곱하면 돼요.

$$\frac{3}{6} \div \frac{1}{6} = \frac{3}{6} \times 6 = 3 \qquad\qquad \frac{3}{6} \div \frac{1}{6} = 3 \div 1 = 3$$

분모가 다른 분수끼리 나눗셈을 할 때 통분을 하여 분모를 같게 만든 후 분자끼리 나눗셈을 하는 방법도 있어요. 물론 나누는 수의 분모와 분자를 바꾸어 곱셈하는 방법도 있어요. 좀 더 쉬운 계산이 되는 쪽으로 골라서 계산하면 돼요.

곱셈과 나눗셈 사이에는 재미있는 관계가 있어요.

$$\Diamond \times 3 = 6 \implies \Diamond = 6 \div 3 = 2$$

곱셈식을 나눗셈식으로, 나눗셈식을 곱셈식으로 서로 바꿀 수 있어서 이렇게 답을 찾을 수도 있어요.

그렇다면 분수의 곱셈과 나눗셈도 이런 관계가 있을까요?

$\Diamond \times \frac{1}{3} = \frac{2}{5}$에서 $\Diamond$을 구해 보아요.

$$\Diamond = \frac{2}{5} \div \frac{1}{3} = \frac{2}{5} \times \frac{3}{1} = \frac{6}{5} = 1\frac{1}{5}$$

$\frac{6}{5} \times \frac{1}{3} = \frac{2}{5}$ 맞지요?

분수의 나눗셈은 곱셈식으로 바꾸어 계산하면 쉽게 답을 찾을 수 있어요.

예제 다음 문제를 풀어보세요.

1. 분수의 나눗셈을 계산해 보아요

① $4 \div \dfrac{1}{3}$

② $\dfrac{5}{7} \div \dfrac{3}{7}$

③ $\dfrac{11}{12} \div \dfrac{4}{22}$

④ $2\dfrac{4}{9} \div 1\dfrac{5}{6}$

⑤ $1\dfrac{3}{4} \div 2$

답 173쪽

준규, 하은이, 유빈이는 할아버지의 토끼 농장에 놀러 갔어요. 하얀 털을 가진 귀여운 토끼들과 놀면서 아이들은 즐거운 시간을 보냈어요 집에 갈 시간이 되었지만 아이들은 귀여운 토끼와 헤어지고 싶지 않았어요. 그러자 할아버지가 다음 달에 태어날 새끼 토끼들을 세 명이 돌볼 수 있도록 해 주겠다고 약속했어요. 준규, 하은이, 유빈이는 제비를 뽑아서 준규는 $\dfrac{1}{2}$, 하은이는 $\dfrac{1}{3}$, 유빈이는 $\dfrac{1}{8}$ 을 돌보기로 했어요. 다음 달에 새끼 토끼 23마리가 태어났어요. 귀여운 새끼 토끼들을 보면서 세 아이는 기뻐서 팔짝팔짝 뛰었어요. 세 아이가 각각 돌보게 될 새끼 토끼는 몇 마리씩인가요?

답 173쪽

📦 소수

체중계에 올라갔더니 눈금이 35.5에서 멈춰 있어요. 몸무게가 35.5kg이라는 의미지요. 35는 알겠는데 0.5는 무엇을 의미하는 걸까요?

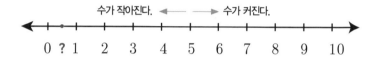

자연수 사이에도 수많은 수가 존재해요. "0, 1, 2, 3, 4, …,"와 같은 자연수로는 나타낼 수 없는 수가 있어요. 그래서 $\frac{1}{2}$, $\frac{4}{7}$등과 같은 분수를 사용해요. 10개씩 모아서 자릿수가 변했던 십진법을 떠올려 보세요. 거꾸로 10개씩 나눠서도 자릿수가 변할 수 있어요.

1을 10으로 나눈 것 중에 하나를 그림과 수로 표현해 보았어요.

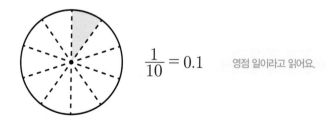

$$\frac{1}{10} = 0.1$$ 영점 일이라고 읽어요.

분수로 나타내면 $\frac{1}{10}$이지만 0.1로도 표현할 수 있어요. 100으로 나눈 것 중 하나는 0.01로 나타내요. 0.1, 0.01과 같은 수를 **소수**라고 해요. 숫자 사이에 찍힌 점을 **소수점**이라고 하고요. 분모가 10, 100, 1000인 분수를 사용해서 소수로 나타낼 수 있어요.

$$\frac{1}{10} = 0.1 \qquad \frac{1}{100} = 0.01 \qquad \frac{1}{1000} = 0.001$$

분모가 10이면   분모가 100이면   분모가 1000이면

그러면 $\frac{1}{10000}$은 어떻게 나타낼까요? 0.0001이예요. 분모의 자릿수 −1만큼 소수점 뒤로 자릿수를 가지게 돼요.

거꾸로 0.0001을 10배 하면 어떻게 될까요?

$$0.0001 \underset{\frac{1}{10}배}{\overset{10배}{\rightleftarrows}} 0.001 \underset{\frac{1}{10}배}{\overset{10배}{\rightleftarrows}} 0.01 \underset{\frac{1}{10}배}{\overset{10배}{\rightleftarrows}} 0.1 \underset{\frac{1}{10}배}{\overset{10배}{\rightleftarrows}} 1$$

소수에 10배를 하면 소수점이 오른쪽으로 한 칸 움직여요. 반대로 소수에 $\frac{1}{10}$배를 하면 소수점이 왼쪽으로 한 칸 움직이지요.

분수와 소수 모두 0에서 1 사이의 수를 나타내기 위해 만들어졌어요. 하지만 소수가 분수보다 3000년이나 뒤에 만들어졌답니다.

몸무게 35.5kg은 어떤 수인지 이제 알겠지요?

눈금 35와 36 사이에 있는 10개의 눈금은
각각 0.1kg 이므로 눈금 5개면 0.5kg을 나타내요.

35kg+0.5kg, 즉 $35kg + \frac{5}{10}kg$을 나타내요.

자연수는 소수점 앞에 쓰고 소수점 뒤에는 0과 1 사이의 분수를 소수로 바꾸어 쓰는 거예요.

다음 소수를 읽어볼까요? 소수점 뒤로는 숫자만 읽어요

풀어서 쓰면
$6 \times 100 + 5 \times 10 + 4 \times 1 + \frac{3}{10} + \frac{2}{100} + \frac{1}{1000}$ 을 나타내는
수예요.

3.4와 3.6 중 어느 수가 더 클까요?

자연수 3은 같으니 0.4와 0.6 중 누가 큰지 비교하면 돼요.

$$0.4 = \frac{4}{10} < 0.6 = \frac{6}{10} \text{ 이므로 } 3.4 < 3.6$$

소수의 크기를 비교할 때도 자연수처럼 앞의 수부터 크기를 비교해서 큰 쪽이 더 큰 수예요. 즉 자연수 부분이 큰 쪽이 더 큰 수이고 자연수 부분이 같을 때는 소수 첫째 자릿수가 큰 쪽이 더 큰 수가 돼요. 소수 첫째 자릿수가 같을 때는 소수 둘째 자릿수가 큰 쪽이 더 큰 수예요.

분수보다 소수를 사용하면 편리한 점도 있어요. 이자를 계산하거나 경기에서 점수를 비교할 때 한눈에 알아볼 수 있고 계산하기도 쉬워요. 시력검사할 때도 소수가 사용돼요.

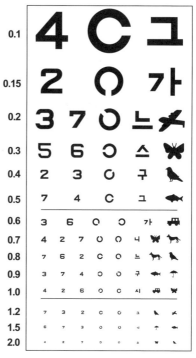

시력검사표

🎲 소수의 덧셈과 뺄셈

소수의 덧셈과 뺄셈은 우리가 앞에서 배운 덧셈 뺄셈 방법을 그대로 쓸 수 있어요. 물론 주의할 점이 하나 있지만요.

2.3m의 끈으로 가방을 묶다 보니 모자라서 1.5m의 끈을 더 연결해서 묶었어요. 전체 사용한 끈의 길이는 얼마인가요?

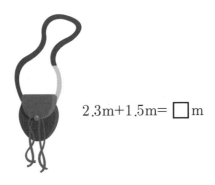

2.3m+1.5m=☐m

소수도 십진법을 이용한 것이기 때문에 자연수의 덧셈처럼 자릿수를 맞춰서 더하면 돼요. 자릿수를 맞추려면 일단 소수점을 같은 위치로 맞춰야만 해요.

$$\begin{array}{r} 2.3 \\ +\ 1.5 \\ \hline 3.8 \end{array}$$

일의 자리끼리 더한다   소수 첫째 자리끼리 더한다

2+1   3+5

일단 소수점의 위치를 맞추면 그 다음은 자연수의 덧셈처럼 더하면 돼요. 받아올림이 생기면 앞자리로 받아올리면 되고요. 8.5+3.7을 계산해 보아요.

$$
\begin{array}{r}
8.5 \\
+\ 3.7 \\
\hline
1.2 \\
1\ 1 \\
\hline
1\ 2.2
\end{array}
$$

0.5 + 0.7= 1.2
11은 11.0과 같다.

8+3=11

소수점 찍는 것을
절대 잊으면 안 돼요.

소수점 뒤로 숫자가 없을 때는 0이 생략된 것으로 생각하면 돼요.

0.5=0.50=0.500=0.5000

12.4+1.95를 계산해 보아요.

$$
\begin{array}{r}
1\ 2.4\ 0 \\
+\ 1.9\ 5 \\
\hline
0.0\ 5 \\
1.3 \\
3 \\
1\ 0 \\
\hline
1\ 4.3\ 5
\end{array}
$$

12.40으로 생각한다.

소수점만 제대로 맞춰 찍어야 하는 것만 빼면 그냥 자연수의
덧셈처럼 계산하면 돼요.

소수의 뺄셈도 마찬가지예요. 자연수의 뺄셈처럼 계산해요.

10.5 − 2.3을 계산해 볼까요?

$$
\begin{array}{r}
1\,0.\,5 \\
-\quad 2.\,3 \\
\hline
8.\,2
\end{array}
$$

10−2 →　　　　　　← 5−3

받아내림이 필요한 뺄셈도 방법은 같아요.

3.2 − 1.9를 계산해 보세요.

$$
\begin{array}{r}
\overset{2}{\cancel{3}}.\overset{10}{2} \\
-1.\,9 \\
\hline
0.\,3 \\
\hline
1 \\
\hline
1.\,3
\end{array}
$$

1.2 − 0.9 앞자리에서
1을 받아내림

2−1=1 →

소수점은 꼭 제대로
찍어 주세요!

소수의 위치만 신경 쓰면 소수의 덧셈과 뺄셈은 쉽게 계산할
수 있어요.

예제 다음 문제를 풀어 보세요.

1. 다음 분수를 소수로 나타내 보세요.

① $\dfrac{2}{100}$ ② $\dfrac{486}{1000}$ ③ $2\dfrac{5238}{100000}$

④ $5\dfrac{71}{1000}$

2. 소수의 덧셈과 뺄셈을 계산해 보세요.

① $23.51+10.84$ ② $4.9+13.72$

③ $5.4-2.7$ ④ $32.84-19.675$

3. 여운이는 목도리를 짜기 위해 털실 한 타래를 다 쓰고 다른 털실 한 타래 중 일부를 더 썼어요. 남은 털실의 길이가 1.8m이고 털실 한 타래의 길이가 5.6m라면 여운이가 사용한 털실의 길이는 모두 얼마인가요?

답 173쪽

📟 소수의 곱셈과 나눗셈

$\dfrac{1}{10} = 0.1$, $\dfrac{25}{100} = 0.25$라는 것을 알았어요. 그러면 $\dfrac{3}{4}$을 소수로 나타낼 수 있을까요?

$$\frac{3}{4} = \frac{3 \times 25}{4 \times 25} = \frac{75}{100} = 0.75$$

분모를 10의 배수로 만든다.

분수를 소수로 만들 때 분모를 $10, 100, 1000, \cdots$ 등의 10의 배수로 바꾸면 소수로 나타낼 수 있어요.

이제 $\dfrac{2}{5}$를 소수로 만들어 보아요.

$$\frac{2}{5} = \frac{2 \times 2}{5 \times 2} = \frac{4}{10} = 0.4$$

이번에는 소수를 분수로 바꾸어 보아요.

$0.5 = \dfrac{5}{10}$이므로 $\dfrac{5}{10}$는 약분해서 $\dfrac{1}{2}$이 돼요. 소수를 분수로 바꿀 때는 소수점 뒤로 몇 자리인지 확인해야 해요. 그리고 나서 소수점 뒤 자릿수만큼 분모를 10의 배수로 만들면 돼요.

$$0.025 = \frac{25}{1000} = \frac{1}{40}$$

소수점
뒤로 세 자리   0이 3개

1보다 큰 소수는 어떻게 분수로 나타내냐고요?

그럼 1.25를 분수로 바꾸어 볼까요?

$$1.25 = 1 + 0.25 = 1 + \overset{1}{\underset{4}{\frac{25}{100}}} = 1 + \frac{1}{4} = 1\frac{1}{4}$$

약분

  1보다 큰 소수를 분수로 나타낼 때는 자연수 부분과 1보다 작은 소수 부분으로 나눈 후 1보다 작은 소수 부분만 분수로 바꾸어 자연수 부분을 더하면 대분수가 돼요.

소수와 분수 크기 비교

  0.3과 $\frac{3}{5}$ 중 더 큰 수를 찾아보세요

  소수와 분수의 크기를 비교하려면 분수를 소수로 바꾸거나 소수를 분수로 바꾸어 같은 수의 형태로 크기를 비교해야 해요.

$$0.3 = \frac{3}{10} < \frac{3}{5} = \frac{6}{10} \qquad \text{분수로 바꾸면}$$

$$0.3 < \frac{3}{5} = \frac{6}{10} = 0.6 \qquad \text{소수로 바꾸면}$$

소수의 곱셈

유빈이는 오늘 0.5L짜리 우유를 3병 마셨어요. 오늘 유빈이가 먹은 우유의 양은 모두 얼마일까요?

분수의 곱셈으로 계산하면

$$0.5 \times 3 = \frac{5}{10} \times 3 = \frac{15}{10} = 1.5$$

이번에는 자연수 곱셈처럼 해 봐요.

$$\begin{array}{r} 0.5 \\ \times \quad 3 \\ \hline 1.5 \end{array}$$

5×3=15로 계산 후 소수점을 찍어준다.

0.5는 소수점 뒤로 한 자리이므로 계산 후 소수점을 소수점 뒤로 한 자리가 되도록 찍어요.

4.865×10을 계산해 볼까요?

$$\begin{array}{r} 4.865 \\ \times \quad 10 \\ \hline 0 \\ 4865 \\ \hline 48.65 \end{array}$$

4.865×100과 4.865×1000을 계산해 보아요.

$$
\begin{array}{r}
4.865 \\
\times\ \ \ 100 \\
\hline
486.50
\end{array}
\qquad
\begin{array}{r}
4.865 \\
\times 1000 \\
\hline
4865.
\end{array}
$$

소수점 뒤 제일 끝에 있는 0은 생략한다.

결과를 모아서 보면 규칙이 보여요.

4.865×10=48.65   곱하는 수의 0이 하나씩 늘어날수록

4.865×100=486.5   소수점의 위치가 오른쪽으로 하나씩 움직인다.

4.865×1000=4865.

소수를 10, 100, 1000으로 나누면 어떻게 될까요?

4.865÷10=0.4865   나누는 수의 0이 하나씩 늘어날수록

4.865÷100=0.04865   소수점의 위치가 왼쪽으로 하나씩 움직인다.

4.865÷1000=0.004865

나눗셈은 곱셈으로 나타낼 수 있으므로 다시 바꾸어 보면

$4.865 \times 0.1 = 0.4865$ 곱하는 수의 소수점 아래 자릿수가 하나씩 늘어날수록

$4.865 \times 0.01 = 0.04865$ 소수점의 위치가 왼쪽으로 하나씩 움직인다.

$4.865 \times 0.001 = 0.004865$

곱하는 수의 자릿수에 따라 소수점의 위치가 변하는 것을 알 수 있어요.

이제 소수×소수를 계산해 보아요.

$0.5 \times 0.3 = $ ☐

$$
\begin{array}{r}
0.\,5 \quad \leftarrow \text{소수점 뒤로 한 자리} \\
\times\ 0.\,3 \quad \leftarrow \text{소수점 뒤로 한 자리} \\
\hline
0.\,1\,5 \quad \leftarrow 5 \times 3 = 15 \ \text{자연수의 곱셈으로 계산한 후 소수점을 찍는다.}
\end{array}
$$

소수점 뒤로 한 자리씩 모두 두 자리이므로 소수점 뒤로 두 자리가 되도록 찍는다.

자연수의 곱셈처럼 계산한 후 곱하는 두 소수의 소수점 아래 자릿수를 모두 더하여 소수점을 찍어야 해요.

◇.□○ × ○.☆◎ = ◎.☆◇□○

소수점 아래 두 자리 × 소수점 아래 두 자리 = 소수점 아래 네 자리 소수

1.25×3.7을 계산해 보아요.

$$
\begin{array}{r}
1\,2\,5 \\
\times\quad 3\,7 \\
\hline
8\,7\,5 \\
3\,7\,5 \\
\hline
4\,6\,2\,5
\end{array}
$$

← 125×7

← 125×3

$$
\begin{array}{r}
1{,}2\,5 \\
\times\quad 3{,}7 \\
\hline
4{,}6\,2\,5
\end{array}
$$

소수점 뒤로 세 자리이므로

소수의 곱셈은 분수로 바꿔서 곱해도 되고 자연수의 곱셈처럼 계산한 후 소수점을 찍어도 돼요. 자연수의 곱셈으로 계산한 후에는 두 수의 소수점 아래 자릿수 개수를 더한 수만큼 맨 뒤에 있는 수로부터 앞으로 이동해서 소수점을 찍어주면 돼요.

소수의 나눗셈

준규와 하은이가 고구마를 3.2kg 캤어요. 둘이 똑같이 나누면 각각 얼마나 갖게 되나요?

식을 세우면 3.2÷2가 되고 분수로 고쳐 계산하면,

$$
3.2 \div 2 = \frac{32}{10} \div 2 = \frac{\overset{16}{\cancel{32}}}{10} \times \frac{1}{\underset{1}{\cancel{2}}} = \frac{16}{10} = 1.6
$$

32÷2=16과 비교해 보면 소수점 위치만 다른 걸 알 수 있어요.

소수점 위치 그대로 올림

$$2\overline{)3.2} \quad \Rightarrow \quad 2\overline{)\begin{array}{c} 1. \\ 3.2 \\ \hline \end{array}} \quad \Rightarrow \quad 2\overline{)\begin{array}{c} 1.6 \\ 3.2 \end{array}}$$

$$\begin{array}{r} 1. \\ 2\overline{)3.2} \\ \underline{2} \\ 12 \end{array}$$

$$\begin{array}{r} 1.6 \\ 2\overline{)3.2} \\ \underline{2} \\ 12 \\ \underline{12} \\ 0 \end{array}$$

자연수 나눗셈으로 계산
처음 수 소수점 위치에
소수점을 그대로 찍어요.

소수의 나눗셈은 분수로 고쳐서 계산하여 몫을 구하기도 하고 자연수의 나눗셈 방법으로 계산한 후 처음 수의 소수점 위치에 맞추어 소수점을 찍어 몫을 구하기도 해요.

6.3÷9를 계산해 보아요.

① 처음 수가 나누는 수보다 작으므로 몫의 일의 자리에 0을 쓰고 소수점을 찍는다.

② 자연수 나눗셈과 같은 방법으로 계산한다.

$$\begin{array}{r} 0. \\ 9\overline{)6.3} \end{array} \quad \Rightarrow \quad \begin{array}{r} 0.7 \\ 9\overline{)6.3} \\ \underline{6.3} \\ 0 \end{array}$$

5.2÷0.4를 계산해 보아요.

두 수에 각각 10을 곱하면

$$5.2 \div 0.4 = \frac{52}{10} \div \frac{4}{10} = 52 \div 4 = 13$$

또는

$$
\begin{array}{r}
0.4\overline{)5.2}
\end{array}
\qquad
\begin{array}{r}
13 \\
4\overline{)52} \\
4 \\
\hline
12 \\
12 \\
\hline
0
\end{array}
$$

두 수의 소수점을 오른쪽으로
한 자리씩 옮긴다.

나누는 수가 자연수가 되도록 두 수의 소수점을 오른쪽으로 같은 자릿수만큼씩 옮겨서 계산해요. 만약 오른쪽에 소수점을 옮길 수 없으면 0을 붙여요.

5.375÷0.43을 계산해 보아요.

$$
0.43\overline{)5.375} \quad \Rightarrow \quad
\begin{array}{r}
12.5 \\
43\overline{)537.5} \\
43 \\
\hline
107 \\
86 \\
\hline
215 \\
215 \\
\hline
0
\end{array}
$$

먼저 소수점을 두 수의
오른쪽으로 두 자리씩 옮긴다.

소수점 위치를 맞춘다.
처음 수는 자연수 안 돼도 상관없다.

나누는 수가 자연수가 되도록 소수점을 옮겨서 계산하고 처음 수는 자연수가 안 돼도 괜찮아요. 소수점은 옮겨진 그 위치에 찍어요.

0.4÷0.5를 계산해 보아요.

$$0.5\overline{)0.4}\;\Rightarrow\;5\overline{)4}^{\;0.}\;\Rightarrow\;5\overline{)4.0}^{\;0.8}$$

소수점 하나씩 옮긴다.

4÷5로 나눌 수 없다.

$$\underline{40}\atop 0$$

생략된 0을 붙이며 계산한다.

처음 수가 나누는 수보다 작을 때는 소수점 뒤로 0을 계속 붙이면서 계산하면 돼요

1.1÷0.3을 계산해 보아요.

$$0.3\overline{)1.1}\;\Rightarrow\;3\overline{)11}^{\;3.666}$$

$$\begin{array}{r}\underline{9}\\20\\\underline{18}\\20\\\underline{18}\\20\\\underline{18}\\2\end{array}$$

나누어떨어지지 않는다.

소수 둘째 자리에서 반올림하면 몫은 3.7이 돼요.

나눗셈의 몫이 나누어떨어지지 않거나 너무 복잡해질 경우에는 몫을 반올림하여 나타내요.

150

예제 다음 문제를 풀어보세요.

1. 다음 소수의 곱셈을 계산해 보세요.

① 1.2×2.5   ② 3.14×0.4

③ 0.03×20   ④ 4.7×2.69

2. 다음 소수의 나눗셈을 계산해 보세요.

① 5.6÷0.8   ② 14.64÷1.22

③ 6÷8   ④ 0.8÷0.3

3. 가로 2.5m, 세로 3.8m의 직사각형의 면적을 구해 보세요.

4. 하리는 오빠와 다트게임을 했어요. 오빠는 78.5점, 하리는 23.4점을 얻었다면 오빠의 점수는 하리 점수의 몇 배인가요? 반올림해서 소수 첫째 자리까지 구해 보세요.

답 174쪽

📟 분수와 소수의 혼합계산

무지개 마녀가 빨간색 액체 $1\frac{3}{4}$L와 파란색 액체 3.25L를 섞어서 몸을 마음대로 늘릴 수 있는 약을 만들었어요. 한 명이 먹는 약의 양이 0.5L라면 몇 명에게 나누어 줄 수 있을까요?

이 문제의 식은 다음과 같아요. 이 때 덧셈과 나눗셈이 섞여 있는 식에서 괄호가 없으면 나눗셈을 먼저 계산하므로 식을 만들 때 덧셈식에 괄호를 꼭 해야 해요.

$$(1\frac{3}{4} + 3.25) \div 0.5 = \boxed{}$$

분수와 소수가 섞여 있는 식이 만들어졌어요. 분수와 소수가 섞인 형태로는 계산을 할 수가 없어요. 분수를 소수로 고쳐서 계산하거나 소수를 분수로 고쳐서 계산해야 해요.

분수를 소수로 고쳐서 계산하면 다음과 같아요.

$$1\frac{3}{4} = 1 + \frac{3 \times 25}{4 \times 25} = 1 + \frac{75}{100} = 1 + 0.75 = 1.75$$

$$\begin{aligned}(1\frac{3}{4} + 3.25) \div 0.5 &= (1.75 + 3.25) \div 0.5 \\ &= 5 \div 0.5 \\ &= 10\end{aligned}$$

소수를 분수로 고쳐서 계산하면 다음과 같아요.

$$3.25 = 3 + \frac{25}{100} = 3 + \frac{1}{4} = 3\frac{1}{4}$$
$$0.5 = \frac{5}{10} = \frac{1}{2}$$

$$\left(1\frac{3}{4} + 3.25\right) \div 0.5 = (1\frac{3}{4} + 3\frac{1}{4}) \div \frac{1}{2}$$
$$= (1 + 3 + \frac{3}{4} + \frac{1}{4}) \div \frac{1}{2}$$
$$= 5 \div \frac{1}{2}$$
$$= 5 \times \frac{2}{1}$$
$$= 10$$

몸을 마음대로 늘릴 수 있는 약을 10명에게 나누어 줄 수 있겠네요.

분수와 소수가 섞인 혼합 계산을 할 때는 순서(×, ÷, +, − 가 섞인 식에서는 ×, ÷를 먼저 하고 괄호가 있을 경우에는 괄호 안의 식을 먼저 계산해요.)에 따라 계산하고 문제에 따라 편리한 형태로 분수와 소수를 바꿔서 계산해요.

예제 다음 문제를 풀어보아요.

1. 다음 분수와 소수의 혼합계산을 해 보세요.

① $1\frac{5}{8} \div 1.25$

② $0.9 \div (\frac{1}{2} - 0.2)$

③ $1.5 \times \frac{2}{3} + 0.8$

④ $3 - 1 \times (2\frac{1}{4} - \frac{5}{6})$

답 174쪽

생각해 보세요!

가로, 세로 4칸짜리 사각형이 있어요. 이 안에 1부터 4까지의 숫자를 가로와 세로 모두 한번씩만 들어가도록 규칙에 맞게 넣어보세요.

4		1	
	4		1
3			2

답 174쪽

![어림하기]

이상과 이하

석민이와 원석이 남매가 놀이공원에 갔어요. 누나인 석민이는 키가 145cm이고 원석이는 키가 110cm일 때 탈 수 있는 놀이기구는 어떤 것이 있을까요?

스카이 회오리 표지판

- 탑승 인원 : 30명   • 운행 시간 : 5분
- 탑승 기준 : 키 140cm 이상

회전 비행기

- 탑승 인원 : 20명   • 운행 시간 : 3분
- 탑승 기준 : 키 110cm 이하 보호자 동반 시.

석민이와 원석이는 어떤 놀이기구를 탈 수 있을까요?

스카이 회오리 표지판에는 키 140cm 이상이라고 쓰여 있어요. 140cm 이상은 무엇을 의미하는 것일까요?

140cm 이상은 140보다 크거나 같은 수를 말해요.

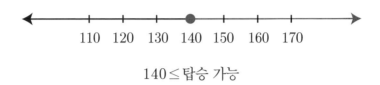

140 ≤ 탑승 가능

석민이는 키가 145cm로 140cm 이상이므로 스카이 회오리를 탈 수 있어요. 하지만 원석이는 키가 110cm로 140cm보다 작기 때문에 탈 수가 없어요.

그럼 회전 비행기는 누가 탈 수 있을까요?

회전 비행기의 탑승 조건은 키가 110cm 이하여야 해요. 110 이하는 110보다 작거나 같은 수를 말해요.

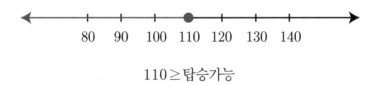

110 ≥ 탑승가능

원석이 키가 110cm이므로 회전 비행기를 탈 수 있어요. 석민이는 기준보다 키가 커서 탈 수 없어요. 하지만 석민이가 타고 싶다면 원석이 보호자로 회전 비행기를 탈 수 있어요.

초과와 미만

하은이와 유빈이도 놀이기구를 타러 갔어요.

하은이는 키 140cm, 몸무게 40kg이고 유빈이는 키 110cm, 몸무게 25kg이예요. 하은이와 유빈이는 바이킹을 탈 수 있을까요?

바이킹을 타려면 몸무게가 40kg이 초과되면 안 된대요. 하은이 몸무게는 40kg이고 유빈이 몸무게는 25kg인데 누가 탈 수 있을까요?

　40kg 초과는 40kg보다 큰 수를 말해요.

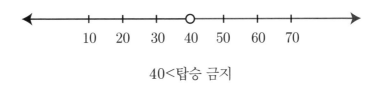

40<탑승 금지

　40kg과 같거나 적으면 바이킹을 탈 수 있다는 의미지요. 유빈이는 25kg이고 하은이 몸무게는 40kg이므로 몸무게로는 둘 다 바이킹을 탈 수 있어요.
　그럼 키는 어떨까요? 유빈이는 키가 110cm이고 하은이는 140cm인데 둘 다 탈 수 있을까요?
　110cm 미만은 110cm보다 작은 수를 말해요.

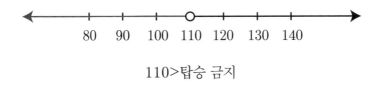

110>탑승 금지

　즉 키가 110cm와 같거나 크면 바이킹을 탈 수 있다는 의미예요. 유빈이 키가 딱 110cm이므로 바이킹을 탈 수 있어요.
　하은이와 유빈이 모두 키와 몸무게 조건에 맞아서 신나게 바이킹을 탈 수 있었어요.

수의 범위

5 이상 9 이하인 자연수는 몇 개나 있을까요?

5 이상인 수는 5와 같거나 큰 수를 말하고 9 이하인 수는 9와 같거나 작은 수를 말해요.

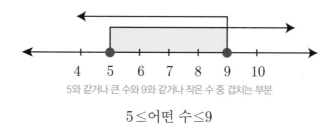

5와 같거나 큰 수와 9와 같거나 작은 수 중 겹치는 부분

5≤어떤 수≤9

그러므로 5 이상 9 이하인 수로는 5, 6, 7, 8, 9 다섯 개가 있어요. 이번에는 8 초과 11 미만인 자연수를 구해 볼까요?

8 초과는 8보다 큰 수, 11 미만은 11보다 작은 수를 말해요.

8과 11은 제외하고 겹치는 부분

8<어떤 수<11

8 초과 11 미만인 수는 9, 10이 있어요.

어떤 수 이상과 어떤 수 이하는 어떤 수를 포함하지만 어떤 수 초과와 어떤 수 미만은 그 수를 제외해야 해요.

40대의 남성을 위한 피로회복제가 새로 나왔어요. 판촉 행사로 40대 남성에게만 20% 싸게 판매를 해요. 몇 세부터 몇 세까지 혜택을 받을 수 있을까요?

40대라는 건 보통 40세 이상 50세 미만을 의미해요.

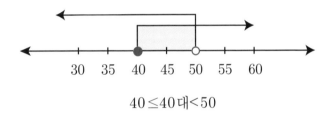

$40 \leq 40대 < 50$

그래서 혜택을 받을 수 있는 나이는 40세부터 49세까지입니다.

어림하기

조회시간에 아이들이 운동장에 모였어요. 운동장에 모인 아이들의 수는 얼마나 될까요?

아이들의 수를 어림해 보아요. 어림하기는 대략 몇 명쯤이라고 헤아리는 것을 의미해요. 23~24명씩 10반이 서 있으므로 대략 230~240명 사이가 되겠지요?

정확한 수는 234명이지만 어림해서 이야기할 때는 대략 230명이라고 하거나 240명이라고 해요

240명이라고 답하는 건 234명보다 수를 올려서 **어림**했으므로 **올림**이라고 해요. 올림은 구하고자 하는 자리 미만의 수를 올려서 나타내는 방법이에요.

240명은 234에서 일의 자리 4를 10으로 올려서 나타낸 수예요. 230명이라고 답하는 건 234명보다 수를 버려 어림했으므로 **버림**이라고 해요. 버림은 구하고자 하는 자리 미만의 수를 버려서 나타내는 방법이에요.

230명은 234에서 일의 자리 4를 버려서 나타낸 수이지요.

보통 자 같은 측정 도구가 없을 때 어림하기를 사용해요. 교실의 크기를 재고 싶을 때 몇 번 걸었는가 하는 보폭으로 잴 수도 있어요. 책상의 길이를 손뼘으로 어림할 수도 있고요.

책상의 길이를 어림해 볼까요?

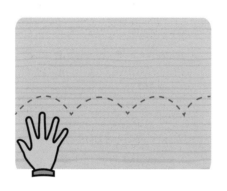

하나, 둘, 셋하고 반이네요. 3.5뼘이지만 4뼘이라고 할 수도 있어요. 이런 어림을 **반올림**이라고 해요. 반올림은 구하고자 하는 자리 바로 아래 수가 5 이상이면 올림을 하고 5 미만이면 버림을 하는 방법이에요. 4뼘은 3.5에서 소수 첫째 자리 5를 반올림하여 나타낸 수예요. 즉 소수 첫째 자리가 0, 1, 2, 3, 4면 버리고 5, 6, 7, 8, 9이면 올리는 것이랍니다.

예제 다음 문제를 풀어보아요.

1. 다음을 수직선에 나타내어 보아요.

① 25 이상 36 이하　②3 초과 12 미만

③ 0.5 이상 0.8 미만　④10 초과 17 이하

2. 다음 계산을 해 보아요.

① 밭에서 딸기 3650개를 수확했어요. 한 상자에 100개씩 넣는다면 상자가 몇 개 필요할까요?

② 50명의 아이들이 4명씩 긴 의자에 앉는다면 의자는 모두 몇 개가 있어야 하나요?

③ 3.2574를 소수 셋째 자리까지 버림으로 나타내면 얼마인가요?

④ 어떤 자연수를 일의 자리에서 반올림하였더니 760이 되었어요. 처음 수가 될 수 있는 자연수를 모두 구하세요.

답 175쪽

163

생각해 보세요!

광석이네 가족이 외식을 하러 갔어요. 엘리베이터를 타려는 데 만원이라며 빨간 불이 들어왔어요. 엘리베이터는 최대 500kg까지 탈 수 있어요. 최대한 많은 수가 한번에 올라가려면 누가 내려야 할까요?

광석이네 가족 몸무게

할아버지 – 78kg	할머니 – 65kg
아빠 – 87kg	엄마 – 59kg
삼촌 – 90kg	숙모 –54kg
형 – 63kg	광석 – 48kg
동생– 25kg	

답 175쪽

🎲 생각 문제

36개

🎲 수를 읽는 방법이 따로 있다고?

예제

1. 오월 오일은 어린이날입니다.

2. 왼쪽에서 세 번째에 서 있는 분이 우리 선생님입니다.

3. 지금 시각은 열시 이십오분 사십팔초입니다.

🎲 여러 자리의 수

예제

1. ① 이십오   ② 백십   ③ 백팔십구

    ④ 삼천육백칠십사   ⑤ 구천구백구십구

2. ① 37   ② 520   ③ 101   ④ 2015   ⑤ 9080

덧셈

예제

1. ① 42   ② 104   ③ 347   ④ 998   ⑤ 104

뺄셈

예제

1. ① 28   ② 42   ③ 377   ④ 884

생각 문제

1	+	7	=	8
+				−
4				6
‖				‖
5	−	3	=	2

✖️ 곱셈

예제

1. ① 55   ② 975   ③ 448   ④ 780   ⑤ 459368
2. ① 315명   ② 60상자   ③ 86400초   ④ 210개

✖️ 생각 문제

예제

□= 4   ○×○＋□=0이므로

✖️ 나눗셈

예제

1. ① 3개   ② 8km   ③ 150mL
2. ① 12 나머지 4   ② 47 나머지 1   ③ 12 나머지 3   ④ 13

   ⑤ 49 나머지 1   ⑥ 49 나머지 3   ⑦ 57 나머지 3

   ⑧ 63 나머지 5

두 자리 수 나눗셈

예제

1. ① 12 나머지 19　　② 79　　③ 118　　④ 11 나머지 52

　　⑤ 45 나머지 2　　⑥ 44　　⑦ 58 나머지 13

　　⑧ 59 나머지 59

혼합계산 생각 문제

1.
```
      9
   × 6
 ─────
    5 4
  + 7 8
 ─────
  1 3 2
```

2. 예) $9×8-7-(6×5)+ 4×3÷2 +1 =42$

3.
```
  8 3 8
+   4 4
─────
  8 8 2
```
◇=8 ☆=3 □=2 ○=4

배수

예제

1. ②

2. ① ③ ④ ⑥

📦 공배수와 최소공배수

예제

1. ① 10　②77　③12　④105　⑤8

2. 11시 30분

📦 약수

예제

① 1, 2, 3, 4, 6, 8, 12, 24　②1, 3, 5, 9, 15, 45

③ 1, 2, 3, 6, 9, 18　④1, 2, 4, 7, 8, 14, 28, 56

⑤ 1, 2, 4

📦 공약수와 최대공약수

예제

1. ① 공약수 1, 5 최대공약수 5　② 공약수 1, 7 최대공약수 7

　③ 공약수 1, 3 최대공약수 3　④ 공약수 1, 2, 3, 6 최대공약수 6

　⑤ 공약수 1, 11 최대공약수 11

2. 20m

⧉ 소인수분해

예제

1. ① 최소공배수: 6 최대공약수: 1 　② 최소공배수: 36 최대공약수: 3

　③ 최소공배수: 30 최대공약수: 5 　④ 최소공배수: 8 최대공약수: 4

　⑤ 최소공배수: 36 최대공약수: 6

⧉ 생각 문제

4,000원

⧉ 분수

예제

1. ① $4\frac{1}{2}$　② $1\frac{1}{5}$　③ 2　④ $2\frac{3}{5}$　⑤ $8\frac{1}{2}$

2. ① $\frac{5}{3}$　② $\frac{25}{7}$　③ $\frac{13}{6}$　④ $\frac{19}{10}$　⑤ $\frac{23}{5}$

🎲 약분과 통분

예제

1. ① $\frac{3}{4}$ ② $\frac{1}{4}$ ③ 4   ④ $\frac{24}{31}$ ⑤ $\frac{1}{3}$

2. ① $\frac{3}{6}, \frac{4}{6}$ ② $\frac{5}{20}, \frac{12}{20}$ ③ $\frac{3}{18}, \frac{4}{18}$

   ④ $\frac{6}{12}, \frac{4}{12}, \frac{3}{12}$

🎲 분수의 덧셈

예제

1. ① $\frac{5}{7}$ ② $4\frac{7}{9}$ ③ $\frac{23}{24}$ ④ $6\frac{17}{30}$ ⑤ $8\frac{11}{12}$

🎲 분수의 뺄셈

예제

1. ① $\frac{1}{4}$ ② $1\frac{1}{2}$ ③ $\frac{5}{6}$ ④ $2\frac{1}{9}$ ⑤ $\frac{1}{7}$

2. ① $\frac{1}{12}$ ② $\frac{1}{3}$ ③ $1\frac{5}{12}$ ④ $\frac{1}{16}$ ⑤ $1\frac{71}{78}$

🎲 생각 문제

원석

172

📊 분수의 곱셈

예제

1. ① $\dfrac{1}{4}$ ② $\dfrac{3}{4}$ ③ 28   ④ $9\dfrac{7}{20}$ ⑤ $\dfrac{1}{6}$

2. ① $<$ ② $>$

📊 분수의 나눗셈

예제

1. ① 12   ② $1\dfrac{2}{3}$ ③ $5\dfrac{1}{24}$ ④ $1\dfrac{1}{3}$ ⑤ $\dfrac{7}{8}$

📊 생각 문제

준규 12마리, 하은이 8마리, 유빈이 3마리

📊 소수의 덧셈과 뺄셈

예제

1. ① 0.02   ② 0.486   ③ 2.05238   ④ 5.071

2. ① 34.35   ② 18.62   ③ 2.7   ④ 13.165

3. 9.4m

🧮 소수의 곱셈과 나눗셈

예제

1. ① 3   ② 1.256   ③ 0.6   ④ 12.643

2. ① 7   ② 12   ③ 0.75   ④ 2.666666(끝없이 순환소수)

3. 9.5m²

4. 3.4배

🧮 분수와 소수의 혼합계산

예제

1. ① 1.3   ② 3   ③ 1.8   ④ $1\frac{7}{12}$

🧮 생각 문제

4	2	1	3
1	3	2	4
2	4	3	1
3	1	4	2

📖 어림하기

예제

1.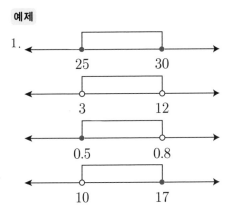

2. ① 37개　　② 13개　　③ 3.257

④ 755, 756, 757, 758, 759, 760, 761, 762, 763, 764

📖 생각 문제

가족 모두의 몸무게를 더하면 569kg이므로 69kg 이상인 사람 한 명만 따로 타면 된다. 하지만 69kg 이상인 사람이 할아버지와 아빠와 삼촌 세 명이므로 세 사람 중 아무나 한 명 내려도 되지만 가장 젊고 몸무게가 많이 나가는 삼촌이 내리는 것이 좋을 것 같다.

Note